光催化分解水材料
表界面调控与性能提升

闫俊青　著

中国石化出版社

图书在版编目(CIP)数据

光催化分解水材料表界面调控与性能提升／闫俊青
著．—北京：中国石化出版社，2022.4
　ISBN 978 - 7 - 5114 - 6640 - 2

　Ⅰ.①光… Ⅱ.①闫… Ⅲ.①光催化 – 应用 – 氢气 –
化学工业 – 研究　Ⅳ.①TQ116.2

中国版本图书馆 CIP 数据核字(2022)第 057696 号

中国石化出版社出版发行
地址:北京市东城区安定门外大街 58 号
邮编:100011　电话:(010)57512500
发行部电话:(010)57512575
http://www. sinopec-press. com
E-mail:press@ sinopec. com
北京艾普海德印刷有限公司印刷
全国各地新华书店经销
*
710×1000 毫米 16 开本 9.25 印张 146 千字
2022 年 4 月第 1 版　2022 年 4 月第 1 次印刷
定价:58.00 元

前　　言

异相半导体仅响应手段就被认为是解决目前日益严峻的能源和环境危机的重要手段之一。TiO_2是目前研究最多的半导体，其具有化学稳定、无毒和廉价易得等优点。在光照条件下，半导体的产生分别位于导带位置和价带位置的电子和空穴，它们具有一定的还原和氧化能力。但是，TiO_2产生的光生载流子具有很快的复合速率，且由于其具有较宽的本征带隙，它只能吸收利用太阳能光谱中约4%的紫外光部分，这两点大大限制了TiO_2的光转换利用效率和实际的工业应用。针对目前TiO_2的光生载流子复合速率快和只能利用小部分太阳光的缺点，本书发展了几种针对性的策略，具体如下：

（1）首先以缺陷位作为研究切入点，来获得TiO_2较好的光生载流子分离效率。制备出纳米级的锐钛矿和金红石TiO_2，通过不同煅烧温度（400～700℃）来获得不同表相/体相缺陷浓度比的样品。对于两相TiO_2，其表相/体相的缺陷浓度都是随着煅烧温度的升高而升高。接着，对于缺陷对光生载流子分离起到的效果，选择苄醇的氧化和水分解制氢两个探针反应来说明。所选择的氧化和还原反应，得到的单位比表面积的反应速率都是与表相/体相缺陷浓度比呈正相关的，也就是说，表面/体相缺陷浓度的比值大小是与光生载流子分离效果呈正比关联的。

（2）在抑制光生载流子复合的策略中，也采用目前的热点——异质结技术来实现这个目的。选用Nb_2O_5和金红石TiO_2纳米颗粒为研究对象。通过原位直接水解方法负载小粒径的Nb_2O_5颗粒到金红石上。选择苄醇的氧化和水分解制氢为目标反应，异质结体系都表现出了优于单一相（Nb_2O_5和TiO_2）的活性，且$Nb/Ti = 0.12$时效果最好。上述结果说明，异质结结构有利于TiO_2体系光生载流子的分离，一定的异质结结点数量能起到理想的效果。

I

（3）在 TiO₂ 的可见光范畴拓展方面，选择了金的等离子共振（SPR）策略。基于上述缺陷的研究结果，首次利用 TiO₂ 的表面缺陷浓度来调控负载金粒子的粒径大小。选用传统的光沉积方法，制备的金颗粒大小和粒径分布是与 TiO₂ 表面缺陷浓度呈关联的，即表面浓度低，得到的金粒径偏大和粒径分布宽，而表面缺陷浓度高，则得到的 Au 偏小和粒径分布窄。得到的 Au/TiO₂ 体系具有较好的可见光响应能力，且 Au 粒径大的 Au/TiO₂ - 400 样品可见光效果最好。以 Au/TiO₂ 体系首次报道了在全光谱条件下 Au 和载体 TiO₂ 共同产生电子的协同效应，应用到水分解制氢反应中，Au/TiO₂ - 400 样品表现出最好的协同效应。

（4）在 Au 的等离子体共振利用太阳光谱中可见光的策略中，由于胶体金表现出形貌和粒径大小可控等优点，金胶体常用到 SPR 中，但是胶体金颗粒表面具有大量的有机分子，这也严重阻碍了 Au 的 SPR 诱导的能力直接传递到载体上面。在本书中，首次发展了一种绿色、简单的去除 Au 表面包裹剂的方法——光催化氧化方法。选用 TiO₂ 纳米片为载体，在清洁 Au 纳米颗粒的同时也选择性地把 Au 沉积到（001）面上。发现 Au 表面的有机物全部清除且与载体接触紧密。把得到的样品以水分解制氢和亚甲基蓝降解为目标可见光催化反应，得到了很好的可见光利用效果。

（5）等离子体共振效应一方面实现等离子体共振吸收，另一个方面可以一定程度上抑制本征半导体光生载流子的再复合。这个策略被成功拓展应用到本书中。首先合成出具有一定厚度的 $WO_3 \cdot nH_2O$ 纳米片前驱体，利用醇热条件对得到的纳米片进行剥离得到较薄的 WO_3 纳米片。WO_3 纳米片进行厌氧条件处理以获得一定程度的表面氧缺陷——该位置可以产生自由电子。当自由电子的浓度达到一定程度时，就会响应一定波长的入射光从而达到集体共振；此时的自由载流子集体共振一方面可以拓展 WO_3 的本征吸收至近红外区（1550nm 左右），提高光电流响应；另一方面，可以诱导 WO_3 带隙激发产生的电子参与到缺陷能级处（氧缺陷产生的能级）的电子等离子体集体共振行为中从而间接达到抑制 WO_3 光生载流子的复合。这个机制是通过光裂解水产氧模型反应来验证的，在可见光 405nm 单波长激发下，另外辅助近红外光照射，产生的氧气表观量子效率大于 11%。

（6）在本书中，选用廉价 TiCl₄ 为钛源，不使用任何添加剂通过简单一步水解方法制备出具有低于 10nm 的缺陷性金红石纳米颗粒。选用紫外可见光谱、价带 X 射线光电子能谱和 Mott – Schottky 技术对其带隙进行了标定，带隙大小为 2.7eV，也选择 DFT 对其进行了理论对应。具有 2.7eV 的缺陷型金红石 TiO_2 在水分解制氢和亚甲基蓝的可见光应用中，都表现出了很好的可见光响应效果；同时，在 405nm 单色光的条件下，其产氢表观量子效率达到了 3.52%。

　　本书得到了南开大学关乃佳教授、李兰冬教授的支持，感谢两位教授在数据分析以及写作等方面的指导，也感谢南开大学的武光军副教授和戴卫理副教授在本书的完成过程中给予的帮助。感谢南开大学催化所的陈铁红教授、无机化学系顾文副教授，每次测荧光都给予最大的帮助，同时感谢天津大学化工学院的王拓副教授、分析中心的林奎老师在投射电镜方面给予的帮助和支持。由于作者水平有限，书中难免存在不正之处，请广大读者批评指正。

目　　录

第一章 绪 论

进入 21 世纪，随着科学技术的快速发展，人们的生活质量也随之不断提高，越来越多的人开始关注和享受生活的美好；与此同时，人们为了不断完善和继续追求自身生活条件的优越，越来越多的能源被消耗。传统能源即一次性能源，又称不可再生能源（如石油、天然气、煤和核能等），随着发展中国家（主要是非经合组织国如中国）的快速崛起而使其全球储备量每年递减。在 2013 年，全球能源的消耗量同比增长 2.3%，超过了 2012 年的 1.8% 增长率。这种增长根据 2014 年美国美孚公司发布的能源消耗报告显示，主要由发展中国家所主导的"能源缺口"，尤其是中国。报告显示，在 2007 年，中国的能源需求首次超过了欧盟，在 2010 年超过了美国，2013 年则超过了整个北美。下面为了进一步认识我国在 2013 年的能源消耗，将对我国在传统能源如石油、天然气、煤炭和核电等方面的数据做简单介绍。

2013 年中国不可再生能源的消费为 2852.4×10^6 toe（1toe = 46.62 $\times 10^3$ MJ），比 2012 年增加 4.7%，占世界不可再生能源消费的 22.4%。

石油：2013 年石油产量（包括原油、致密油、油砂和天然气液）为 208.1×10^6 t（4180×10^3 bbl/d），相对于 2012 年增加了 0.6%，占全球石油产量的 5.0%。2013 年石油消费为 507.4×10^6 t（10756×10^3 bbl/d），相比于 2012 年增加了 3.8%，但是，占全球石油消费的 12.1%。从这个数据可以看出，中国的石油消耗还有至少 7% 的进口差值消耗量。

天然气：2013 年天然气产量为 117.1×10^9 m³（11.3 $\times 10^9$ ft³/d，105.3 $\times 10^6$ toe），相对于 2012 年增加了 9.5%，占世界天然气产量的 3.4%。2013 年天然气消费为 161.6×10^9 m³（15.6 $\times 10^9$ ft³/d，145.5 $\times 10^6$ toe），相比于 2012 年增加了 10.8%，占世界天然气消费量的 4.8%。天然气的消耗同样存在差值进口消耗量。

煤炭：2013 年煤炭产量为 3680.0×10^6 t（1840.0×10^6 toe），相比于 2012 年增

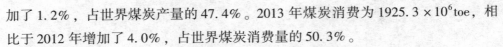

加了 1.2%，占世界煤炭产量的 47.4%。2013 年煤炭消费为 $1925.3 \times 10^6 toe$，相比于 2012 年增加了 4.0%，占世界煤炭消费量的 50.3%。

核电：2013 年中国核电消费量为 $110.6 \times 10^9 kW \cdot h (25.0 \times 10^6 toe)$，相比于 2012 年增加了 13.9%，占世界核电消费的 4.4%。

从上面的数据可以看出，中国传统能源如煤炭的需求和消费量占据全球的一半以上，同时石油和天然气的开采量不足以满足需求量，我国仍然是个能源消耗大国。过多的传统能源消耗在带来人类能源危机的同时，也带来了另一个目前全球集中关注和致力于解决的问题——以 CO_2 逐年增加为首的环境危机。如我国在 2013 年过多能源消耗排放的温室气体 CO_2 量为 $9524.3 \times 10^6 t$，相比于 2012 年增加 4.2%，占世界整个 CO_2 排放量的 27.1%。显而易见，能源和环境问题是制约经济和生活水平提高的瓶颈，全球各国大力发展新兴能源如太阳能、风能、地热能和生物质等逐步解决上述问题。如我国在 2013 年利用太阳能提供的电量为 18300MW，相比于 2012 年增加了 161.4%，占世界太阳能发电装机的 13.1%。相比于其他新兴能源，太阳能由于取之不尽、用之不竭、利用后不污染环境和全球各地都可直接利用和开发等优点，而得到世界各国的广泛关注和研究。下面就太阳能做简要介绍。

太阳能(solar energy)，是由于太阳内部氢原子连续不断地发生氢氦聚变主要以辐射形式释放出来的能量。地球大气层接收到的太阳辐射能量为 173000TW $(1TW = 10^{12}W)$，每秒的辐射能量相当于 $500 \times 10^4 t$ 煤产生的能量。地球上的风能、水能及生物质能等可再生能源的来源都是太阳能，严格意义上讲不可再生的一次能源如煤炭的能源也来自太阳能。目前所接触的太阳能利用主要有太阳能加热、太阳能发电和太阳能转化成化学能等方面。在本书中，由于化学学科的原因只关注太阳能利用中的转化成化学能方面。

目前文献报道的利用太阳能转化成对日常生活有益的化学能包含以下几个方面。环境污染物如染料等的半导体光响应降解，把廉价对人类生活用处不大的有机物通过半导体光响应转化成其他有用有机物如香料等，地球储备量丰富的资源通过光响应转化成其他能源如水的裂解分解成氧气和氢气等。在这里讨论的太阳能转化成化学能是通过一个媒介物质——半导体来实现的。半导体是指在常温下导电性能介于导体(conductor)与绝缘体(insulator)之间的材料，它的带隙(bandgap)较大只能在特定条件下电子才能通过该带隙转变成为导体。一般的半导体，其带隙阈值对应的能量 3eV 左右，所以太阳光谱中的紫外波段（300 ~ 400nm）就可以用来激发半导体使之成为导体参与化学反应。半导体在太阳光照射下发生的具体过程如下：具有特定半导体带隙能量值的太阳光谱波段激发半导体时，半导体价带（valence band，VB）上面的电子吸收入射过来的能跃迁带隙能量，在跃迁致半导体的导带（conduction band，CB）位置的同时，VB 位置处留下一个带正电的空穴；该光致产生的电子和空穴分别具有一定的还原氧化能力。半导体光响应应用到具体的化学反应从而把太阳能转化成化学能就是利用上述的光生载流子（电子和空穴）参与具体的氧化反应。光响应化学的效率主要由以下三个步骤决定的：半导体对光的吸收过程，光致产生的载流子分离过程和分离后的载流子参与反应的过程。目前文献报道的光转化效率很低，这对于目前人类社会对能源的需求是远远不够的。所以如何有效利用半导体转化太阳能仍是科学家们迫不及待的研究重点。在本书中将从半导体光生载流子分离策略、拓展第一代半导体（只能吸收利用太阳光谱中的紫外光）的可见光吸收范畴等问题展开详细论述。

第一节　半导体太阳能利用效率提高策略

一、半导体载流子分离问题

1972 年，日本科学家 Honda 和 Fujishima 首次在 Nature 杂志报道利用 n 型半导体金红石 TiO_2 光触媒剂在一定偏电压条件下进行水的光电分解产生氢气和氧气。科学工作者开始把解决能源和环境问题转移到太阳能的利用上面。目前文献报道的光触媒剂有 TiO_2、ZnO、Fe_2O_3 和 Cu_2O 等，对于上述光触媒剂在一定的光照条件下对光的响应所应用的异相催化反应大多是发生在半导体表面。但是当入射光照射到半导体表面时，光的吸收过程一般发生在材料内部，也就是说半导体的光生载流子（电子和空穴）往往先在半导体体相内产生，如果它们要参加特定的化学反应，则首先需要从体相迁移到可以直接接触要参与反应的小分子。这个移动过程则需要一定的时间，而这个时间段里则会发生光生载流子的再复合和迁移到表面的竞相过程。另一个方面，对于半导体的表相结构，由于晶格结构的断裂而形成的原子配位不饱和"悬挂键"等原因，表相的电子云结构是与体相存在较大的差别，这种差别在一定程度上促进了表相对入射光的吸收性能很好从而在体相产生载流子的同时也产生一定量的电子和空穴；对于小粒径的半导体，如粒径为 3 ~5nm 时，其表相与体相的原子比在 1 ~10 之间，在此时的条件下，表相对入射光的吸收相对于材料的总吸收至少 10% 的比例。从上面描述的情形可以看出，体相和表相同时产生光生载流子，在体相的载流子在迁移到表相的时候又面临与表相产生的载流子再复合的情形。所以如何提高半导体的光生载流子分离问题一直是制约光触媒剂太阳光转化效率提高的重要因素。对于光触媒剂的体相方面，由于其无法直接进行接触调控所以目前报道的抑制光生载流子复合的策略基本都是在半导体的表面进行的，如在催化剂表面负载一定量的贵金属来作为共催化剂，利用载体和共催化剂之间的费米能级差诱导光生载流子快速迁移至贵金属表面从而达到载流子的分离；或者构建复合半导体——异质结化合物，由于各个组分之间存在一定的导价带电位差，各个组分的光生载流子在不同的电势差条件下从一个组分迁移到其他组分从而实现光生载流子的分离等。这里要明确，通过半导体的表面修饰（负载共催化剂或其他半导体组分）来达到光生载流子最大限度的分离，载体和修饰组分一定要存在一定的费米能级差。下面详细介绍目前文献所报道的对于半导体光生载流子分离的几种典型策略。

1. 引入共催化剂策略

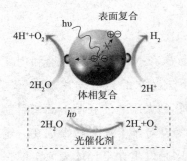

图 1 - 1　光生载流子迁移至不同共催化剂参与相应的氧化还原反应示意图
（据 Yang，2013）

在异相半导体光响应参与的具体化学反应中，引入共催化剂的最终目标是生成的光生载流子迁移到表面后，接着全部被引到不同的共催化剂位点参与相应的氧化还原反应。图 1 - 1 以水的全分解成氧气和氢气为例，给出了半导体光致产生不同电荷载流子的几种转移过程：①体相直接复合；②迁移至表相后复合；③迁移至表相后被引到不同的共催化剂位点参与化学反应。从这个示意图可以看出，共催化剂在光生载流子的分离和参与具体的化学反应的重要性。共催化剂除了吸引光生载流子而抑制它们复合的直观作用外，还有其他两个方面不可无视的作用，而这两个作用也间接地起到半导体光生载流子分离的效应。具体如下：其一是降低具体参与化学反应的活化能或者过电势，如在水的分解制氧的过程中，需要四个质子从水分子中提取两个氧原子生成 O＝O 键，这个过程比较困难所以分离后的光生载流子很难参与反应而重新复合，但是加入共催化剂后由于反应的过电势降低，四个质子参与反应的困难程度降低从而使得较多的光生载流子参与反应而不是再复合；其二共催化剂在一定程度上能保证载体的光响应稳定性，目前报道的一些可见光材料其具有较好的光学吸收但是自身生成的光生空穴也能把自身氧化掉从而降低了其使用寿命，如 Cu_2O，氮化物和硫化物等，而加入共催化剂后，由于它们对光生载流子的迁移作用避免了光响应剂的自腐蚀作用。另一方面，如上所示，一个好的共催化剂的至关重要因素是与载体之间存在较大的费米能级差，其他因素也是必需的，如低的过电势，如金属 Pt 具有很低的水分解产氢的氢过电势所以 Pt 是半导体光响应裂解水产氢的一个很好的共催化剂。但是，决定共催化剂对载体光响应剂光生载流子起分离作用好坏的决定因素则是共催化剂和载体之间接触的紧密程度，这个紧密程度一方面关系着光生载流子通过两相交界面的肖特基势垒大小，另一方面也关系着光生载流子自由迁移的距离长短，两个方面都决定着载体光生载流子的分离效果。为了获得很好的两相紧密接触程度来获得高的太阳光谱利用效率，科学工作者发展了很多共催化剂负载方法以提高共催化剂和载体之间的紧密程度。常见的负载共催化剂组分的方法有：传统浸渍方法（impregnation method，IM），沉积沉淀方法（deposition‐precipitation method，DP），光催化氧化还原法（photocatalytic redox method）等，下面就这几种方法的原理和制备过程以及优缺点做一个简单的介绍。

浸渍方法：相比于其他方法浸渍手段是发展比较早的一个负载共催化剂的策略。由于其操作比较简单对设备亦不存在特殊要求，所以在工业催化领域应用比较广泛。该制备方法的操作过程如下：选取一定量的载体置入特定溶液中（一般条件下为水溶液），之后把称量好的负载组分前驱体放入上述悬浊液，接着边搅拌边加热把溶液蒸干，得到的固体混合物再经过后处理煅烧或者还原气体还原（负载贵金属共催化剂一般需要氢气还原）过程既得负载型目标材料。其缺点是对负载组分的形貌、粒径大小以及在载体上面的分散程度都无法很好地控制，如一般得到的负载物组分粒径较大和分散不均匀等等；优点是在煅烧过程或者一定温度下还原气体过程，能加强共催化剂和载体组分之间的相互作用，即两者之间的紧密接触程度较高，特别是利用还原性气体处理过程，在把负载组分还原成低价态的同时也把与共催化剂接触的载体组分还原成低价态，此时的还原态载体组分也可以对负载型组分进行还原从而加强了两者之间的接触。正是浸渍方法的上述优点，该方法仍然是制备共催化剂的一种较普遍的途径。

沉积沉淀方法：该方法又称均相沉积沉淀法（homogenous deposition - precipitation，HDP），相对于上述传统的浸渍方法 DP 法相对比较复杂。因为要得到较好的负载组分粒径大小和分散程度等效果，溶液的 pH，反应温度和负载组分前驱体的浓度等都得好好控制，有必要还得在装置中通入惰性气体，所以该 DP 法对装置等条件要求比较高。DP 方法的实质是利用载体表面对负载组分前驱体的吸附，沉淀剂促使前驱体在这些吸附位点上异相成核，所以载体表面的吸附作用是至关重要的。另一个方面，载体的等电点是考虑的一个因素，这是调节溶液 pH 所要参考的一个参数，当溶液 pH 与载体的等电点相近时，载体就会相互排斥而均匀分散在溶液中从而为负载物的沉淀提供了均匀位点。常见载体以及它们的等电点如下：TiO_2（IEP = 6），CeO_2（IEP = 6.75），ZrO_2（IEP = 6.7），Fe_2O_3（IEP = 6.5 ~ 6.9）和 Al_2O_3（IEP = 8 ~ 9）等。DP 方法的操作过程大致过程如下：量取一定量的载体置于烧瓶中，加入一定量的水之后计算好的负载物前驱体，接着用碱如 NaOH 或尿素等调节混合液的 pH，把混合液置入一定温度的反应环境中如 120℃ 的油浴，搅拌若干小时取得固体基本得到目标负载型材料。该方法用来制备负载 Au 用处比较多，也有其他金属的负载。该 DP 方法中的沉积是效果，是控制负载物形貌和大小的关键因素；沉淀是手段，是负载物能否完全沉淀到载体表面的步骤。由于上述的两个控制过程得到的产物一般具有粒径分别均匀且很小、负载物分散均匀等优点。但是该方法的缺点是：重现性差，负载组分利用率低，负载物的成核过程更易于在溶液中发生、而不是发生在载体上以及负载组分与载体之间的作用力较差等。

光催化氧化还原法：该方法是伴随光催化的发展而逐步被广泛使用的一个负载共催化剂组分策略，又称为光沉积（photo - deposited method，PD）方法。应用该方法的前提条件是载体为半导体材料。该方法的实质是利用半导体在一定的光照条件下产生电子和空穴，两者分别具有一定的还原和氧化能力，利用两者的化学行为能力进行负载组分的异相成核。该方法具有负载组分利用率几乎达到 100%、对负载组分的粒径大小和分散程度具有很好的控制甚至能调控负载组分到具体的位点等优点而在光响应领域具有很好的应用。同时，该方法一般不需要后处理过程只需一步就能得到目标负载型催化剂。该方法的大致操作过程如下：

一定量的半导体置入一定的水溶液，加入相应量的负载组分前驱体，通入惰性气体，光照若干小时，回收既得目标固体样品。该方法由于在负载组分的氧化或者还原过程中，与载体发生了直接的接触反应，所以得到的两相接触程度很高。在具体的操作过程中，同样考虑载体与溶液 pH 的问题，如 DP 方法中提到的半导体等电点。如何控制载体对负载物前驱体的前期吸附位点多少是共催化剂组分沉积好坏的关键。在半导体负载共催化剂应用领域，光沉积方法可以说是一种很好的途径。

除了上述的三种应用比较多的方法之外，文献报道的负载共催化剂方法还有离子交换法、共沉淀法、溶胶凝胶法等，由于本书的篇幅所限及所涉及的范围，这里就不对它们进行展开讨论。对于共催化剂的使用，往往会涉及贵金属，而贵金属资源的储存量是有限的，所以发展取代贵金属的廉价元素来提高半导体光生载流子的分离是现在研究的方向。下面将介绍抑制载流子复合的其他策略。

2. 构筑异质结复合物策略

复合化合物由于其组成是由两种或者以上组分构成而可以充分发挥各组分的性能优点可以得到最佳的共同作用即协同效应，而被广泛关注。复合化合物的构筑前提是考虑引入一种组分来弥补主体组分特定方面的性能缺点或者提高共同的性能效果，上述提到的共催化剂部分亦可以归属于复合化合物范畴，可以说在今天的催化领域甚至整个化学领域都离不开复合化合物。在复合化合物体系中，各个组分之间紧密结合同时在满足其他条件如各相之间能带匹配就能形成异质结体系。

目前所应用到的化学领域中的异质结是基于半导体物理中 $p-n$ 结概念发展起来的，具体机理如下：具有一定费米能级差的两相半导体紧密接触，之后两相的费米能级就会自动靠拢直至达到平衡，平衡后两相的导价带位置就会分别存在一定的电势差，即两相接触位点的内部电场得到建立，异质结结构生成。在光照条件下，两相都产生光生电子和空穴，他们分别在内在电场的驱动下做穿过异质结的定向运动从而达到光生载流子的分离。图 1-2 给出了三种典型的异质结结构示意图，类型 1 是跨越式带隙；类型 2 是交叉带隙；类型 3 是破坏型带隙。其中类型 2 是比较常见且使用的异质结结构，这是因为两相因为两相的导价带分别是错开的，这样导致的 ΔE_c 和 ΔE_v 分别能促进电子和空穴的定向移动，即能保证两种载流子的循环运动；类型 1 和类型 3 在实际的半导体领域中，由于只能形成

7

载流子的单向运动(类型1)和一相的价带和另一相的导带位置相当而不能形成载流子的定向运动(类型3)而得不到具体的应用。图1-2也给设计异质结复合物是否成功所要考虑的因素。

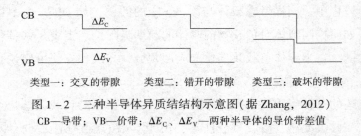

类型一：交叉的带隙　类型二：错开的带隙　类型三：破坏的带隙

图1-2　三种半导体异质结结构示意图(据Zhang，2012)

CB—导带；VB—价带；ΔE_C、ΔE_V—两种半导体的导价带差值

异质结结构的好坏类同于上述共催化剂讨论的部分都是与两相的紧密接触程度相关的。常见的优质异质结样品有商品化的P25-TiO$_2$，此时的异质结由于两组分都属于TiO$_2$所以又称为异相结，由于两相的结合是原位生成的所以它们的结合程度很高，相应的P25对光生载流子的分离效果很好，光响应活性要高于纯相锐钛矿和金红石。除了结合的各组分结合程度要高之外，还得保证各组分之间的电子引力和功函数等因素，如金红石和锐钛矿两相的功函数(费米能级)两者存在一定的差值，所以可以保证两相的导价带位置存在一定的电势差。形成质量较好的异质结结构，制备条件的选择是首先要考虑的因素。常见的是高温煅烧方法来达到两相的紧密结合程度，如李灿院士所报道的通过煅烧获得的不同比例的金红石/锐钛矿异相结结构，接着他们课题组也通过类似的研究手段研究了Ga$_2$O$_3$异质结结构与水的全分解活性的关联。高温煅烧的作用一方面可以除去合成过程中用到的有机前驱体残留物而提高各组分的结晶度，另一方面则是在高温条件下两相的接触面发生一定的晶格重整而加强两相之间的相互接触程度。高温煅烧同样适合于有机组分体系，如王心晨团队报道的CN/CNS异质结，首先制备出CN载体，之后在该载体上面包裹CNS最后通过煅烧得到最终目标复合物，得到产物可见光光生载流子的分离效果要优于单一纯相约5倍；瑞士科学家Fasel团队首次报道石墨烯纳米带异质结结构，通过煅烧步骤分别把两相组合成紧密结合的复合物结构。

另一种合成异质结结构的方法原位制备手段，即利用载体组分的某些位点对另一种组分的吸附等作用原位生长另一种组分，该手段由于在原位生长前负载物前驱体与载体的吸附等作用保证了两相的紧密结合程度。对于不需要煅烧的原位生长过程，负载组分一般对热是敏感的，如 Zan 等报道的在 TiO$_2$ 表面原位生长的 AgIn$_5$S$_8$；Wang 等报道的在 TiO$_2$ 膜上面原位生长一层 Cu$_2$O；Weber 团队报道的在 TiO$_2$ 上面原位生长 CdS 或者 Bi$_2$S$_3$ 等。在纳米科学领域存在着一种量子尺寸效应，即当纳米颗粒粒径在 3nm 左右时，该颗粒的一些化学性质会发生变化。这个量子尺寸效应现在也应用到了原位合成异质结复合物体系方面，如将要在第三章报道的在 TiO$_2$ 颗粒上面原位生成 3nm 左右的 Nb$_2$O$_5$ 纳米小颗粒，利用超细 Nb$_2$O$_5$ 纳米颗粒对电子的快速转移等优点应用到具体 Nb$_2$O$_5$/TiO$_2$ 异质结光催化反应中得到了很好的光生载流子分离效率；巩金龙教授课题组利用载体 BiVO$_4$ 对 Ag$_3$PO$_4$ 前驱体的吸附作用原位制备出了小粒径的 Ag$_3$PO$_4$ 负载到 BiVO$_4$ 表面上，该异质结表现出了很好的光生载流子分离效率。对于异质结的合成文献报道的还有其他方法，如通过水热反应两相同时原位生成等，由于篇幅的限制以及它们在该领域的普适性等问题，这里不做详细论述。

3. 半导体晶面调控策略

在半导体光生载流子分离方面，对晶面进行调控来获得不同电荷载流子迁移的方向不同而达到最终目的亦是研究的重点。晶面调控（shape - controlled）在纳米科学领域一直是关注的热点，正如某材料专家所说，搞纳米的都想把材料做成各种好看的形貌。另一方面，具有不同形貌的纳米颗粒也表现出了很好优良化学性能，如纳米金和银，它们的纳米颗粒只能表现出一个 UV - Vis 吸收峰，而纳米棒却表现出了两个光学吸收峰，而且红外吸收峰的位置随着棒长的变化而变化。在半导体的光响应具体应用中，晶面调控由于不同晶面的表面能不同而表现出了很多相对于纳米颗粒的优点。以 TiO$_2$ 半导体的光响应为例，图 1 - 3 给出了两种典型的 TiO$_2$ 和它们被研究较多的晶面，如锐钛矿相的（001）面的表面能要高，（101）面的表面能相对低，则在具体的光生载流子生成后，光生电子—空穴分别迁移到（101）和（001）面上成为相应的还原氧化位点；对于金红石则是（110）面和（011）面分别是光生电子和空穴的聚集面；而对于 TiO$_2$ 另一个相——板钛矿来说，（201）面是氧化反应位点面，（210）和（101）面则是对应的还原位点面。从 TiO$_2$ 这个情况可以看出，对纳米颗粒进行很好的调控——合成出具有不同面的暴露能很好地对光生载流子起到有效分离作用。那么，如何得到想要的具有不同面暴露的半导体材料则是应该考虑的首要问题，下面就晶面调控的合成方法做个简要的介绍。

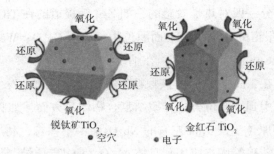

图 1 – 3　以锐钛矿和金红石 TiO₂ 为例的光生载流子迁移到不同的晶面上
成为对应的氧化反应位点示意图(据 Murakami, 2009)

　　晶面调控合成首先要考虑的问题是表面能和 Wulff 构筑规则,化合物的表面能往往比体相生成能要高,基于表面能可以根据 Wulff 构筑规则能预测一个化合物优先生成的晶面——表面能低的晶面最易生成,如锐钛矿相的(101)面,一般的锐钛矿纳米颗粒的(101)面含量在 95% 以上,而多数化合物由于高表面能的晶面往往具有较多的未饱和配位键,呈现出极性等化学性质而有利于化学反应的进行。得到上述高含量的高表面能晶面策略的前提是如何降低该晶面的表面能加快该面在晶体异相成核过程的生长。常用的方法有在合成过程中引入其他试剂来吸附到该面,从而降低表面能,该方法厦门大学谢兆雄教授称之为"帽式试剂保护法"。具体原理与实例如下,选择极性较强的离子或者吸附能力较强的表面活性剂等在纳米颗粒成核的过程中,根据静电吸引等作用吸附到表面能较大的晶面,从而保证了该面的大量暴露生成。如在合成大量含量(001)面的锐钛矿相 TiO₂,由于 F 离子较强的电负性能吸附到具有较强极性的(001)面上,从而保证了(001)的生成;也有利用无 F 离子的合成,如通过尿素分解出的碳酸根离子对(001)面的吸附及对(001)面表面能的降低方面起到了重要的作用,来获得大量(001)面的暴露;十二烷基硫酸钠(SDS)是一种很好的表面活性剂,也有课题组利用它对化合物进行晶面调控得打了内凹削角八面体 Cu₂O 微晶。

　　下面就介绍另一种比较实用的方法:强静电作用的合成方法。在具体的晶体生长过程中,具有极性的晶面表面能往往比非极性的要高所以这就导致了后者在异相成核过程中生长速度快,在晶体生长介质中加入一定类型的离子,能够根据静电作用而吸附到高表面能的面上,从而保证该面的裸露生成。常用的试剂有离子液体和长链胺烯类,如在 ZnO 的晶面调控中,加入离子液体后由于其对晶面的强吸附作用保证了晶体沿着(102)方向生长的 ZnO 纳米线;加入长链胺烯类如十八胺等，由于它们与晶体的某个面强静电作用而生成了 ZnO 六角锥微晶，(111) 极性面裸露的 MnO 等。值得注意的是，在使用具有极性的试剂时，如十八胺或油胺等，它们不仅在晶体生长过程中起到表面活性剂保证特定晶面生成的作用，同时也在一定程度上起到还原剂的作用，通过这种强的还原吸附作用，特定晶面被很好地生成，但是生成后的晶体表面仍然被表面活性剂包裹，所以使用此类方法的后处理比较麻烦，一般都是通过聚沉、离心和煅烧等步骤去除。

除了上述描述的两种在半导体晶面调控合成领域具有较好通用性的方法之外，还有其他文献报道的方法如：过饱和度调控法，动力学调控和选择性化学刻蚀等方法。这些方法的本质都是通过一定的策略来降低表面能小的晶面的成核速度而增加所需要的表面能高的晶面成核速度。

对于上述讨论的三种抑制半导体光生载流子复合的策略，虽然都能起到较好的分离效果，但是在具体的实际光响应应用中，它们的光应用转换效率还是远远达不到工业要求，所以如何进一步提高光生载流子的分离来达到最终的太阳光利用效率仍然是目前半导体研究领域的重点。另一方面，组合上述讨论到的单方面策略来获各个作用之间的协同效应也同样早被关注，同样也取得了较好的效果。如大化所李灿院士团队，利用晶面调控的同时也加上的共催化剂，在利用异质结的同时也加入共催化剂的作用等都取得了很好的光电利用效率。该章节的最终目标，已经在前面提到过，把分离后的载流子全部利用到具体的氧化还原反应中去。但是，目前所取得的科研成果离这个目标仍有很大的距离，仍然需要大批科研工作者们的不懈努力。下面将讨论半导体光响应的另一部分，如何有效拓展半导体的光吸收致可见或近红外等范畴。

二、半导体光响应范畴拓展问题

在半导体的光响应应用到具体的催化反应这个领域，其最初的研究可以追溯到 1969 年，之后除了 Honda 在 Nature 上发表的光电分解水相关文献之外，Fujishima 团队又报道了光电还原 CO_2。在这些之前的太阳光具体的化学能转换利用方面，他们都是选择带隙较宽的半导体(TiO_2、ZnO 等)，一方面这类半导体带隙较宽具有较强的氧化还原能力，另一方面则是它们的光照条件下稳定。但是它们要利用能量很高的紫外(UV)光才能激发，UV 光不但对人类皮肤有害而且其占据整个太阳光谱的比例很少。图1-4给出了整个太阳光谱的波长范围以及相对应的能力值，从图中可以直观地看出，太阳光谱中的 UV 仅占整个范围的 4% 左右，而可见光部分约占 50% 的比例且该部分的辐射能量很高，所以如何有效利用太阳光谱中的可见光是半导体光响应的具体应用研究重点。距 1972 年Fujishima 团队发表文章约 30 年后，日本科学家 Asahi 首次报道了阴离子掺杂的半导体可见光利用，且给出了氮元素对传统 TiO_2 的带隙缩小以及相应的可见光利用效果最好，与此同时，南京大学邹志刚教授在 Nature 报道了新合成出的新型可见光材料铟钽系列化合物，且对水的全分解效果很好。接着大量的可见光拓展策略以及新型材料被报道。值得一提的是，时隔 10 年之后，陈小波博士依旧以 TiO_2为研究对象报道了在整个太阳光谱条件下活性很好的氢化黑色 TiO_2。下面就近些年拓展半导体的可见光吸收策略做个详细的介绍，如离子掺杂、贵金属的等离子共振效应和染料敏化等。

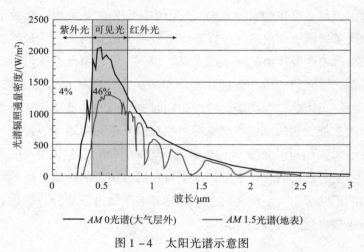

图1-4 太阳光谱示意图

1. 离子掺杂拓展半导体吸收策略

在可见光拓展方面，新型催化剂的开发如 $GaZnO_x$ 固溶体、$InTaO_x$ 等相对比较困难，而对传统光响应剂的改性则相对容易一些，所以这里只介绍带隙缩小的几个策略：价带上移、导带下移和导价带同时移动(图1-5)。半导体的价带位置，大多是由阴离子的电子轨道组合而成，如 TiO_2 的导带是由 O 2p 电子轨道组成，所以要想提高价带位置则一般通过掺杂阴离子来实现，掺杂的阴离子与原阴离子的电子轨道杂化从而一定程度上提高电子轨道能级。但是阴离子掺杂对价带

位置的上移效果往往是有限的，比如 C、N 和 S 掺杂后价带位置向上移动仅仅
0.3eV。通过阴离子掺杂来获得较好的价带上移需通过协同其他策略来共同完成，
如通过特殊方式处理来获得较多的阴离子掺杂量。Li 等通过制备出层状结构的前
驱体，改变它的表面酸性来提高对碱的吸附作用，利用尿素为氮源，获得了价带
上移约 0.8eV 的氮掺杂半导体。价带位置除了阴离子的掺杂，3d 过渡金属元素
及具有 d^{10} 或者 $d^{10}s^2$ 的阳离子等都有相关文献报道。根据 ab 价带理论计算结果，
3d 过渡金属分裂后的电子轨道能级可以与主体的导价带原来的电子轨道相互掺
杂，最终在原有带隙中生成一个新的能带结构，从而缩小半导体的带隙大小。如
邹志刚教授在 Nature 报道的 Ni 元素掺杂 $InTaO_4$ 可以认为是此方面的首例报道。
但是 3d 过渡金属的掺杂有两个缺点：一是过渡元素掺杂往往会生成体相缺陷位
点而这些位点一般又作为光生载流子的再复合中心；二是局域化的 3d 电子态对
载流子的迁移起到抑制作用。对于具有 $d^{10}s^2$ 电子轨道的阳离子这一块，是在从简
单体系化合物(如只有一个阳离子)向多个元素组成复杂化合物发展起来的。具
有 $d^{10}s^2$ 电子结构的阳离子有 Ag^+、Pb^{2+} 和 Bi^{3+} 等，它们的占满 d 或者 s 轨道与原
来的 VB 电子轨道(通常为 O 2p)进行杂化从而提高 VB 位置。比较明显的这方面
例子是 Bi^{3+} 掺杂后的光催化剂 $CaBi_2O_4$，Bi 元素 6s 电子与 O 2p 轨道电子掺杂形
成了新的价带能级。同时，Bi 的 6s 轨道几乎全部掺杂到了新的电子能级所以该
VB 对光生空穴的迁移一定程度上起到促进作用。

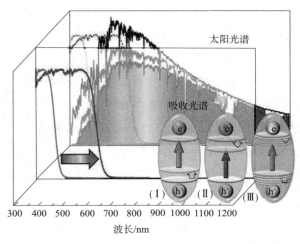

图 1-5　三种拓展半导体对太阳光谱吸收拓展的策略示意图(据 Tong，2012)

对于半导体的导带（CB）位置，其是控制具体的还原应用的电势位置，所以调控 CB 位置对于某些重要反应如 H^+ 的还原生成 H_2、CO_2 的还原生成有机小分子等是直接关联的。这方面的掺杂应用元素有 p 区具有 d^{10} 电子结构的离子如 Ga、In 等，把这些元素应用到如 Ag_2O 氧化物掺杂后生成如 α - $AgMO_2$（M = Ga、In 等），此时的 CB 位置电子轨道有 Ag 的 5s5p 和 M 元素的 sp 杂化而成，相比于原来的 Ag_2O 要有所下降，其可见光的效率得到提升。Yi 等发现非金属 P 元素的 3s3p 轨道可以调控并降低 Ag_2O 的 CB 位置，得到的 Ag_3PO_4 具有很好的可见光转换效率。另一种降低半导体 CB 位置的方法是掺杂 d 区元素中具有 d^0 结构的阳离子，如 Nb 和 Ta 元素。对于 Cr 和 Mo 也发现了具有类似的作用，且 Cr 对价带的调控大小是与其化学价态有关的。对于上述讨论的降低半导体导带位置，一般此时的策略由于还原能力下降所以基本都是利用可见光响应后的氧化能力；相应的，提高半导体的价带位置后，一般其还原能力不变此时是通过可见光激发应用到具体的还原反应中。但是通过元素掺杂来缩小半导体带隙还有一种策略——同时移动导价带位置。此种情况就是调变后，原来半导体的氧化还原能力都变弱了。这种情况下比较典型的例子是日本东京大学 Domen 教授团队在 2006 年 Nature 上面报道的 $GaZnO_xN_y$ 固溶体，合成步骤比较简单如下：把一定比例的 GaO 和 ZnO 研细后放入管式炉中，通入氮气把 GaO 氮化生成与 ZnO 晶格匹配的 GaN，在高温条件下 GaN 和 ZnO 固相反应生成新的固溶体。固溶体的导带位置是由 Ga 4s4p 轨道组成而价带则是由 N 的 2p 轨道和 Zn 3d 轨道杂化而成，且 O/N 和 Zn/Ga 原子比变化生成的固溶体的导价带位置也随之变化。

通过离子掺杂来缩小半导体的带隙策略，上面讨论了三种方法。但是在原有晶格中引入一种外来元素往往会造成其他负面效应，如引入的离子半径与主体元素相差太大，此时就会生成光生载流子复合的缺陷位点；另一方面，通过高温获得 N 化物体往往是热和光不稳定的，如 Domen 课题组报道的系列氮化物一般都具有光腐蚀的缺点。如何缩小半导体的带隙而又同时表现出很高的光利用转换效率仍然是一个难题，在未来具体的太阳光利用领域仍然需要不懈努力。

2. LSPR 效应拓展光学吸收策略

局部表面等离子体共振（Localized surface plasmon resonances，LSPR）是一种物理光学效应。通常，在半导体或者金属内部和表面存在一定量的自由电子，形成自由电子气团，这些气团通常定义为等离子体（plasmon）。当一束入射光照射该等离子体时，如果入射的光子频率与等离子体源传导电子的整体振动频率相匹配时，就会引起局部表面等离子体共振。在光响应领域则对等离子体共振可以这么认为，具有缺陷的半导体或者具有一定形貌的金属表面具有大量的自由电子，当入射光的频率达到自由电子共振频率时，这些电子就会共振摆脱原子核对它们的束缚从而成为自由电子参与一定的化学反应。从这里可以看出，决定所研究对象等离子体共振的主要因素是其自由电子的数量，它决定着入射光的频率。自由电子的总数是与载体的物理性质和形貌有直接关联的，如贵金属的 SPR 峰位置除了它的本征特点因素外还有其粒径大小、形貌等因素。在太阳能利用方面，人们为了得到较多可见光范畴的吸收转换，不断改进等离子源的物化性质如半导体的缺陷位点数、贵金属的形貌等来匹配可见光的入射频率。在金属方面，首先提出利用等离子体共振来成为可见光响应源的是日本科学家 Tatsuma，之后 Ag 和 Pt 等陆续被报道；半导体等离子体共振方面，目前报道的有 WO_{3-x}，MoO_{3-x} 和 $Cu_{1-x}S_x$ 等。等离子体共振技术一方面可以解决半导体的光学吸收范畴少缺点，另一方面又可以增加缺陷半导体的具体应用，所以该技术在光响应方面具有很好的潜在应用。下面就金属和缺陷型半导体的 SPR 机理做简要介绍。

在金属(主要是贵金属)的 SPR 方面，大量的实验结果表明，金属的 SPR 在提高整个金属/半导体复合物的可见光响应方面具有直接的关联作用，即 SPR 的强度是与可见光响应提高范围呈正比的，这说明 SPR 金属在接触半导体载体时，其 SPR 响应可以转换响应后的能量到半导体上面从而促进整个复合体系的光响应效果。这个具体的促进作用机理可以主要分为以下两个方面：一是金属的 SPR 效应产生的电子直接迁移到载体半导体的导带上面；二是金属的 SPR 效应产生一个电场，该电场促进对可见光有很弱吸收载体的光响应。对于第一种机理——电子的直接跃迁机理，也是最早提出的金属 SPR 机理。该机理基于半导体领域中的染料敏化半导体响应。在染料敏化方面，染料有机分子对半导体载体具有很好的吸附能力，即染料与载体之间是直接相连的，所以受入射光激发的染料分子可以把激发产生的电子转移到载体上面。在金属方面，如果要发生电子的直接转移作用，金属与载体之间的相互作用必须很强，以满足电子直接跃迁的物理条件。另一个方面，金属的 SPR 产生的电子必须具有高于载体导带位置的能级，如对于 Au/TiO_2 体系，Au 的 SPR 效应是 Au 的 5d 充满电子轨道电子受到一定波长入射光的诱导跃迁致未充满 6s6d 电子轨道，该轨道的能级高于载体 TiO_2 的导带能级。

值得一提的是，上面讨论的金属/半导体体系是与共催化剂体系雷同的，只是两个体系的电子迁移过程是相反的。对于第二种机理，则是间接的电场诱导机理。相对于上面的直接跃迁，间接诱导方面则是在 SPR 金属和载体之间存在着薄的、非导电的阻碍物而非直接接触，此种情况只能是 SPR 金属在入射光照射下产生一定的辐射能量，间接转移到载体半导体上从而提高载体的总体光响应效果。金属的 SPR 效应产生的电场辐射能量由于电子发生了共振所以要远强于入射光的能量，该能量在金属表面强度最高，当远离表面约 20 ~ 30nm 时，能量线性递减。半导体的光致产生电子—空穴对的速率是与电场的强度成正比的（通常认为是平方关系），所以半导体在接近 SPR 金属面的光生载流子速率很高，而此时在半导体表面产生的光生电子—空穴对同时也是与反应介质直接接触的，所以这也一定程度上促进了光响应反应的进行。另一方面，关于这个机理，只有当载体对入射光的吸收阈值与金属 SPR 的波长相近时才能获得最大的提高效果。图 1 - 6 给出了上述两种 SPR 机制的示意图。但是，对于目前文献报道的这两种机理并未有明确的界限，它们的共同点是促进载体半导体光生电子生成的数量，但是不同点是前者的光生空穴是在 SPR 金属上面，后者则是在半导体载体上面，可以说两者产生的光致还原性和氧化性即使载体相同最终效果也未必相同。据文献报道，前者机理中的金属 SPR 产生的电子也可以转移到其他位点上面拓展载体的还原能力，如 WO$_3$ 上面负载 Au 利用金属的 SPR 效应就能在可见光条件下还原质子到氢气。

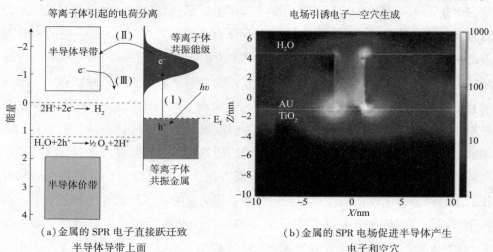

（a）金属的 SPR 电子直接跃迁致半导体导带上面

（b）金属的 SPR 电场促进半导体产生电子和空穴

图 1 - 6 SPR 促进半导体光响应效果的两种机制（据 Linic，2011）

在缺陷型半导体的 SPR 方面，其共振载流子有两种，一个是处于最外层 d 轨道上面的电子，另一个是位于价带缺陷态位置处的正电空穴。此种类型的 SPR 不仅在太阳能方面的具有较好的利用，而且在纳米光子学及显微学方面也具有很高的潜在应用。半导体缺陷类型的 SPR 效应主要取决于缺陷位点的多少，一般认为一个缺陷阴离子位点如氧缺陷会生成两个自由电子，自由电子的量决定着能否发生等离子体共振现象以及发生共振需要的波长。另一方面，该类型的 SPR 也取代了储备有限的贵金属在等离子体共振方面的应用，所以缺陷型半导体在光响应中的应用在今后的研究上面必是一个趋势。

3. 拓展光学吸收的其他策略

拓展半导体的光响应范畴的其他策略接下来主要讲述两种：染料敏化、和复合半导体。两者的共同之处是引入一种可以吸收可见光的材料来间接拓展载体的吸收范畴。在具体的光响应应用中染料敏化引起广大科学工作者的关注是 1991 年瑞士洛桑（EPFL）M Grtzel 教授在 Nature 上发表的文章，利用廉价的有机染料成功地把太阳能电池的光电转换效率提高到了 7%。它的作用机制是有机大分子在可见光激发下产生激发态电子，之后跃迁到载体的导带上面。一般条件下有机染料是通过化学作用吸附到载体半导体表面，所以此种条件下的电子直接跃迁是允许的。染料敏化一般可以分为两种：染料向载体转移电子的阳极敏化和染料向载体转移空穴的阴极敏化。染料具体的选择（阳极或者阴极敏化）主要是根据载体半导体的导价带能级与染料的能级来决定的，如阳极敏化时，激发态的染料能级要高于载体半导体的最低导带。常见的染料有卟啉类化合物、香豆素及蒽的羧酸衍生物等。染料敏化除了最典型的应用——太阳能电池之外，也有光催化方面的应用，如水的可见光裂解生成氢气等。

复合半导体跟之前异质结体系类似，都是两种或两种以上半导体组合而成的复合体系。在半导体可见光拓展方面，一般是利用其中一个组分对可见光吸收产生的载流子转移到另一个组分参与化学氧化还原反应。复合半导体在可以拓展可见光吸收的同时还可以一定程度上抑制光生载流子的复合，所以复合半导体一直以来都是太阳能光响应方面研究的重点。

第二节　半导体 TiO₂ 简介及研究现状

一、TiO₂ 相关物化性质简介

TiO₂ 为当今热门材料，自 1972 年日本科学家 Honda 教授发表 TiO₂ 光电分解水文章以来，关于 TiO₂ 的研究一直是科学家们关注的重点。2014 年美国化学会旗下著名综述类杂志 Chem. Rev. 在 19 卷推出了 TiO₂ 方面研究的专刊，21 篇综述涉及 TiO₂ 近些年在太阳能等方面的利用。TiO₂ 可以说是近些年研究最多的材料之一，所以有必要在本博士论文中对 TiO₂ 的相关性质做一个简要的介绍。

常见且研究较多的 TiO₂ 有两种晶型：锐钛矿和金红石。图 1 - 7 给出了两种晶型的体相组成信息。两相都属于四方晶系，其中金红石的空间构型为 D_{4h}^{14} - P4₂/mnm，$a = b = 4.584Å$，$c = 2.953Å$；锐钛矿的为 D_{4h}^{19} - I4₁/amd，$a = b = 3.782Å$，$c = 9.502Å$。两种结构的组成单元都是六个氧原子与一个钛原子组成的八面体，对于锐钛矿相，从图 1 - 7 可以看出，是有钛氧八面体共边组成；金红石相则是由钛氧八面体共顶点和共边组成。且它们的构成单元都有一定的扭曲，金红石是从对角线方向拉长的八面体；对于锐钛矿则是沿着对角线方向紧缩，即组成的八面体单元同样是不对称的。从它们的空间结构可以认为锐钛矿相属于四面体构型，金红石属于稍微畸变的八面体组成，这里可以看出，组成锐钛矿相的八面体单元畸变程度最大，但是实际情况下，锐钛矿的对称程度最高，因为它的组成单元从图 1 - 7 可以看出相当于八面体单元通过共边的形式而组成的一面网。在晶体学中，一般是高温相相较于低温相具有更高的开放结构，但是在 TiO₂ 体系中，金红石表现的开放程度并未高于锐钛矿相。

在光学吸收方面，锐钛矿和金红石相的带隙宽度分别为 3.2eV 和 3.0eV，分别对应的吸收阈值为 388nm 和 410nm。两者的稳定性方面，由于金红石的组成单元中 Ti - O 键的长度都差不多（只有两种键长，分别为 0.198nm 和 0.195nm），且角度为 90°，所以金红石相中每个原子都有相似的环境而表现出如上所述的高温稳定相。氧化钛是一种优异的染料，其约占白色染料消耗的 80%。由于金红石的原子排列更加紧密，其相对密度和折射率也很大所以表现出了很高的分散光本领。另一方面，由于金红石相对紫外光具有很好的屏蔽作用，其广泛应用于防紫外线材料。在化学应用方面，由于两者的带隙较宽，只能利用紫外光，但是 TiO_2 的组成相对密集所以其较容易被还原从而生成具有颜色中心的还原态 TiO_2，此时其吸收光谱就被拓展。

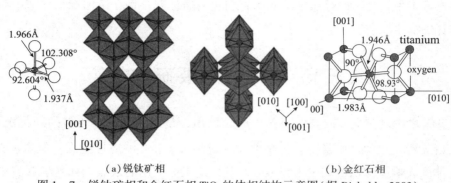

（a）锐钛矿相　　　　　　　（b）金红石相

图 1-7　锐钛矿相和金红石相 TiO_2 的体相结构示意图（据 Diebold，2003）

二、TiO_2 研究现状简介

对于 TiO_2 在具体光响应中的应用，几个标志性的研究成果不得不提。1972 年，Honda K 教授报道了利用 TiO_2 光电分解水；为了解决 TiO_2 的本征吸收限制问题，2001 年日本科学家 Asahi R 报道了阴离子掺杂 TiO_2；2002 年，美国 Khan 教授通过化学修饰制备出了 $n-TiO_2$，具有很好的可见光利用能力；2011 年，陈小波博士在美国加州大学伯克利国家实验室期间发表了氢化黑色 TiO_2，在全太阳光谱条件下表现出了优良性能。在拓展 TiO_2 的吸收光谱策略中，在不借助外来元素如金、CdS 等的条件下，只能通过化学手段来缩小 TiO_2 的导价带之间的距离。另一个方面，为了得到较好形貌且具有较高反应晶面的纳米单晶 TiO_2，2008 年，杨华贵博士等利用 TiF_4 为钛源成功制备出了完美 TiO_2 锐钛矿八面体单晶。与此同时，在缺陷位点方面，加州大学河滨分校冯品云教授首次利用 Ti^{3+} 自掺杂策略制备出蓝色 TiO_2，得到了较好的可见光裂解水能力；接着她们课题组在此基础上报道了 Ti^{3+} 自掺杂的形貌规整的单晶金红石，同样表现出了很好的可见光利用能力。在利用贵金属拓展 TiO_2 的可见光利用方面，日本东京大学 Tatsuma 教授首次把 Au 的等离子体共振应用到 TiO_2 的光响应方面。

但是虽说目前 TiO_2 体系已经发展成了光响应领域一个庞大的分支，科学工作者们仍然只是关注解决两个问题：如何最大限度地吸收和转换利用取之不尽用之不竭的清洁能源——太阳能。具体到 TiO_2 的光响应方面，就是如何提高 TiO_2 的光生载流子分离利用问题和如何利用 TiO_2 吸收更多的可见光。

在本书中，第四章对半导体 WO_3 材料也有所涉及，将在第四章第三节中对其进行详细描述。

第三节　本书的主要研究内容

TiO_2 之所以在众多的光响应剂中脱颖而出，是因为其具有较多的理化优点，如廉价无毒、化学性质稳定、耐光腐蚀、制备简单和光响应性能高。但是，TiO_2 在具体的光响应应用中表现出很多限制其广泛工业应用的缺点，如光生载流子复合速率高、量子效率低和对太阳能光谱利用范围窄等。所以仍然需要对 TiO_2 体系进行详细的深入研究和探讨。

半导体缺陷位点分为体相和表面缺陷两种，缺陷位点由于缺少特定元素，如氧缺陷就缺少一个氧原子而表现出不同于其他完整位点处的带电特点，从而可以吸附一定的化学小分子，如 TiO_2 的表面氧缺陷由于其呈现负电荷可以吸附反应物，同时，这种缺陷位点又是光生载流子的复合中心所以这种表面吸附是有利于分离光生电子和空穴对的；但是体相缺陷由于接触不到具体的反应小分子所以只能成为体相载流子的复合位点。在半导体晶体中，缺陷位点又是不可避免的理化性质，所以如何调变缺陷位点即表面/体相缺陷浓度来获得最大的光生电子—空穴的分离效果是值得研究的内容。在本书中，选用 TiO_2 的两种常用晶型——锐钛矿和金红石作为研究对象，系统地对缺陷与具体光响应的关联进行了探讨。

在上述分离光生载流子的研究此基础上，也引入了异质结体系来获得较好的载流子分离效果。选用原位负载的方法，把非晶态的 Nb_2O_5 通过一步简单水解方法以 3nm 左右的纳米颗粒表现形式负载到金红石纳米颗粒上面。对异质结结点的数量及具体的 Nb_2O_5/TiO_2 应用进行了详细的描述。

对于 TiO_2 的可见光拓展，首先选用了贵金属的等离子共振效应策略。Au 为金属研究对象，在上面的锐钛矿缺陷性质基础上，首次利用 TiO_2 的表面缺陷位点对负载 Au 的粒径大小进行调控，得到了不同粒径大小的 Au 颗粒体系。对 Au 的粒径大小和 SPR 诱导的光响应能力进行了详细的关联，同时，也提出了光催化领域中的协同效应——在太阳光光谱条件下，TiO_2 和 Au 同时响应入射光产生光生电子和空穴对，促进具体化学反应的进行。另一方面，在 Au 的等离子体共振应用中，胶体金由于其形貌和大小可控等优点往往被选择应用到半导体的可见光响应领域，但是金胶体表面的有机包裹分子却是阻碍金上面的光生电子向载体 TiO_2 迁移的主要因素。针对这个问题，利用传统的光催化氧化方法清除 Au 表面的有机物，在这个过程中，Au 被选择性地沉积到 TiO_2 纳米片的（001）面上。

在可见光的拓展方面，结合上述缺陷的研究首次通过一步简单方法制备出具有很好可见光响应的缺陷位金红石 TiO_2。选用廉价的四氯化钛为钛源，快速水解蒸干得到了约 10nm 的金红石颗粒。对可见光响应的主要因素、影响光解水的因素等进行了详细的描述，同时也对 Ti^{3+} 在实际的 TiO_2 半导体光响应方面的作用给出了系统的阐述。

同时，在表面等离子体共振方面（LSPR），这里也成功将该理论应用到其他缺陷半导体体系（WO_3），详细讨论了 WO_3 体系在具体 LSPR 作用下对整个太阳光谱的利用和光生载流子分离的情况。

第二章 实验部分

第一节 实验药品及仪器

一、实验药品

对于本书所涉及的化学药品将在每章节中详细提到，所以本章节不再介绍化学试剂。

二、实验仪器

实验仪器见表2-1。

表2-1 实验仪器

仪器名称	型号	厂家
水浴锅	HH-4	江苏荣华仪器制造有限公司
电动搅拌	JJ-1	江苏荣华仪器制造有限公司
超声波清洗器	KQ-50B	昆山超声仪器有限公司
离心机	LG10-2.4	北京雷勃尔离心机厂
真空管式炉	SK-G05123	天津中环电器有限公司
烘箱	DG-203	天宇实验仪器有限公司
高压反应釜	自制（250mL）	天津南开大学金工厂
气相色谱仪	GC-2010PLUS	日本岛津公司
红外光谱仪	TENSOR27	德国布鲁克公司
光解水制氢系统	Labsolar-H_2	北京泊菲莱科技有限公司

第二节 催化剂制备及表征

一、催化剂制备

催化剂的制备过程将在每章节中提到，所以本章节不再涉及每章节中所提到的催化剂制备。

二、催化剂表征

1. 射线粉末衍射（XRD）

固体催化剂的物相分析——X 射线粉末衍射所使用仪器为：德国 Bruker 公司 D8 Focus 型的 X 射线衍射仪。其他仪器条件为：辐射源为 Cu Kα（$\lambda = 1.54178$），检测器为石墨单检测器，管电流和管电压分别为 40mA 和 40mV，扫描速度为每分钟 3°，扫描范围为 20°~80°。

2. 拉曼光谱（Raman）

样品的拉曼光谱测试是由英国的 Renishaw 公司生产的 in Via 型拉曼光谱仪测得，其中所用激发光源（Ar 离子激光源）为 514.5nm 激光。

3. 透射电子显微镜（TEM）

样品的形貌特征及晶格分析是由场发射透射电子显微镜测得，所用型号为飞利浦公司的 Tecnai G^2 20 S – TWIN，工作电压为 200kV。样品制备：将少量样品超声分散到无水乙醇中，用干净的吸管汲取少量悬浊液并滴在金属铜网上（微栅），晾干后进行观察。对于第五章所涉及的晶格分析是基于高倍电镜结果，利用 Digital – Micrograph 软件处理可以得到。

4. 电子能量损失谱（EELS）

对于第五章的电子能量损失谱（EELS），分析条件与透射电子显微镜相同。分析仪为美国 Gatan 公司推出的 GIF 能量过滤器系统。

5. 紫外—可见漫反射吸收光谱（UV – Vis）

样品的光学吸收性质测试是在紫外可见光谱仪上测得，所用仪器型号：美国安捷伦公司的瓦里安 Cary 300。测试条件为：以 $BaSO_4$ 为测试背景，取约 0.1g 的催化剂进行扫描，范围为 200 ~ 800nm。

6. N_2 物理—吸附脱附

样品的比表面积是利用在 77K 低温条件下通过 N_2 的物理吸附脱附过程得到的等温线计算而得。所用仪器为美国康塔仪器公司的 iQ – MP 气体吸附分析仪。

7. X 射线光电子能谱(XPS)

样品的表面元素分析是利用 X 射线光电子能谱(XPS)来表征的。所用仪器为英国 Kratos 公司生产的 Axis Ultra DLD 光谱仪；采用多通道延迟线检测器，在真空度高于 $10^{-7}Pa$ 条件下操作，以 Al – Kα $h\nu = 1486.6eV$)为 X 射线源，操作电压为 13kV，功率为 250W。以 C1s 的电子结合能(284.6eV)为参照对所得元素的电子结合能进行校正。

8. 室温荧光光谱(PL)

室温固体荧光光谱是在 Spex FL201 荧光光谱仪上测得。测试条件为：催化剂量约 0.1g 干燥固体；激发光源为 325nm 的 He – Cd 光源，空气中直接测试或抽真空测试。

9. 正电子湮灭技术(PAT)

所涉及的样品缺陷性质表征是依靠正电子湮灭技术。仪器为快 – 慢混合的以 187ps 为半高宽时间分辨 ORTEC 测试系统。一定量的样品压成致密圆薄片：直径为 10.0mm，厚度 1.0mm；激发光源为：置于样品片两面的 $Na^{22} 5 \times 10^5 Bq$ 光源；谱图分析是基于电脑软件 LT9.0，拟合方程如下：

$$N(t) = \sum_{i=1}^{k+1} \frac{I_i}{\tau_i} \exp\left(-\frac{t}{\tau_i}\right)$$

式中，τ_i 和 I_i 分别是催化剂缺陷位点对应的正电子寿命和强度。

10. 价带 X 射线光电子能谱(VB – XPS)

半导体价带位置测定是在 PHI Quantera XPS 扫描探针光谱仪上进行的。激发光源为 Al – Kα X – 射线光源($h\nu = 1486.6eV$)。所得到的结果用仪器的费米能级(4.0eV 相对于真空能级)进行校正。

11. Mott – Schottky 测试

Mott – Schottky 测试是在三电极荷兰的 IVIUM CompactStat 电化学工作站进行

的。饱和 Ag/AgCl 电极和铂电极（2cm×2cm）分别作为参比和工作电极。样品制备为：约 1mg 催化剂样品置于 1mL 无水乙醇中，研磨致浆状。接着，浆状物涂于 ITO 导电玻璃上保证样品面积为 0.25cm²，制备的 ITO/样品室温烘干。测试条件为：0.5M（1M=1mol/L）Na₂SO₄的电解液，扫描频率为 1kHz。

12. 电子顺磁检测（ESR）

顺磁检测是在布鲁克（Bruker）A300 顺磁仪上进行。采用的微波为 5mW，频率为 100kHz。2，2 - 联苯基 - 1 - 苦基肼基（DPPH）用来磁矩矫正的标准物。操作如下：0.15g 样品在真空 200℃条件下处理 2h，降室温后，50 Torr O₂处理样品 15min，接着在光照或者黑暗条件下 100K 检测。

第三节　催化剂评价部分

一、光催化重整制氢反应

水的分解制氢反应装置见图 2 - 1。

图 2 - 1　光解水产氢装置图

装置系统属于高度真空体系，光照采用顶式照射方式，光源采用 Xe 灯（PLS - SXE，滤光片采用：320 ~ 780nm 反射片），色谱分析采用在线系统（Varian CP - 3800），TCD 检测器，色谱条件为：进样口：80℃，柱温：40℃和检测器 100℃。具体操作如下：取催化剂 0.1g 置于 100mL 的甲醇（体积比：甲醇/水 =1/9）水溶液中。抽真空约 15min，打开光源，每隔一段时间采集一次氢气。对于1%Pt(质量分数)的原位负载操作如下:在装催化剂的过程中,加入一定量的 H_2PtCl_4 溶液。

二、光催化氧化苄醇反应

光催化氧化苄醇反应是在本实验室自制的石英反应器中进行。光源采用 250W 高压汞灯(波长范围为:315~420nm,主波长为365nm)。反应装置通入冷凝水控制体系温度。具体反应操作如下:0.3g 催化剂加入含有 0.025mol 苄醇的 27ml 三氟甲苯中;氧气为反应气体,开灯之前先同氧气约 30min 排除体系中的气体;气体流量控制在 20mL/min,反应产生的 CO_2 通过 $Ba(OH)_2$ 吸收。对于采集出来的液体通过离心分离后气相色谱(Shimadzu GC – 2010 Plus)和气质联用(GC – MS Shimadzu GCMS – QP2010 SE)定性定量。

三、自由基的检测

在第四章中设计到的自由基检测,反应是在 250mL 烧杯中进行的。具体操作如下:0.01g 催化剂置于 50mL 含有 5×10^{-4} M 的对苯二甲酸和 2×10^{-3} M 的 NaOH 溶液中,分别在 UV(320~400nm),Vis(400~780nm)和 UV – Vis(320~780nm)条件下光照,每隔 15min 采一次样品,生成的邻羟基对苯二甲酸能产生 425nm 的荧光,荧光检测利用 Hitachi F – 4500 荧光光谱仪,激发波长为 320nm。

四、亚甲基蓝的降解

在光催化氧化反应的测定中,对于涉及亚甲基蓝(MB)的降解实验具体过程如下:操作装置同 3.3 自由基的检测,都是利用 250mL 烧杯为反应器,亚甲基蓝的初始浓度为 20mg/L;去约 0.1g 的催化剂置于 100mL 的上述亚甲基蓝溶液,黑暗条件下搅拌 5h 达到吸附平衡,之后利用 Xe 灯作为光源;选用特定滤光片满足实验要求。光照,每隔一个小时采取一定量的反应液,离心去上清液。利用瓦里安 Cary 300 紫外可见光度计分析离心后的亚甲基蓝液体,根据亚甲基蓝浓度与吸光度的关系标准曲线,来计算出降解后亚甲基蓝的浓度。黑暗条件下的对比实验是不加光照条件下得到的亚甲基蓝降解数值。

第三章 抑制二氧化钛光生载流子复合策略探究

第一节 引 言

如第一章所述，TiO$_2$由于廉价易得、无毒无污染、光热稳定性和较强紫外光吸收能力等优点，成为第一代光催化剂中研究最多的材料之一。但是，TiO$_2$除了吸收光谱仅限于仅占5%的紫外光区域的本征缺点外，光生载流子的大量复合也大大限制了其在工业催化中的广泛应用。近些年来，广大光催化研究者们经过努力通过不同的策略来降低TiO$_2$光生载流子的复合从而提高光转换效率。比如，Lu等首次合成具有高比例的高活性(001)晶面的单晶规则锐钛矿TiO$_2$，利用不同晶面的电势差把光生空穴—电子牵引到不同的反应晶面从而实现光生载流子的有效分离；Li等首次提出TiO$_2$的异质结概念，利用不同晶型的TiO$_2$(这里是金红石和锐钛矿)导价带位置差形成的电势差来牵引不同电荷的光生载流子到不同的晶相TiO$_2$表面，从而实现载流子的有效分离。随着科技的日益发达，科学研究的表征手段也是日益完善和精确。比如用来观察纳米级结构的高分辨率STM，用来定性和定量说明表面/体相缺陷位性质和浓度的正电子湮灭技术。这些技术的出现对于表征和完善目前一直困扰科技工作者们的问题提供了很好的解决办法。对于TiO$_2$光催化体系，影响光生载流子复合还有一个至关重要且对表征手段要求苛刻的因素——缺陷位点。

在实际的光催化反应中，光生载流子的复合是与光生载流子参与反应是互相竞争。在已有的文献报道中，缺陷位点被认可为对光催化反应起着相反作用的载流子复合中心。随着DFT计算和先进的高分辨技术(如时间分辨荧光光谱，高分辨紫外光电子能谱)在TiO$_2$光催化反应中的应用，表面缺陷由于其独特的电子特性而表现出来较好的对反应分子吸附能力，而对抑制光生载流子复合是有益的。

但对于体相和表面缺陷位点对于光催化影响的总效应目前还处于欠缺状态。Li 等首次利用先进的正电子湮灭技术定性/定量的说明了 TiO_2 表面/体相缺陷与光催化性能的关联，从而调变表面/体相缺陷来获得最优的光生载流子分离来达到高的光转化利用效率。但是，Li 他们只关注了 TiO_2 单一晶型锐钛矿的缺陷位与光响应的关系，对于 TiO_2 体系另一个研究较多的金红石相却没有涉及。另一方面，缺陷位点对于光催化氧化和还原是否具有一致的影响也值得探讨。在本章节中，利用简单方法合成出两种 TiO_2 晶型——锐钛矿和金红石，系统研究利用高温煅烧方法来调控它们的体相/表面缺陷浓度，并研究其与光催化活性的关联。选用简单的苯乙醇氧化和光重整还原制氢作为探针反应。正电子湮灭技术用来定性/定量说明缺陷类型和浓度，XPS 表面技术和室温荧光光谱辅助说明缺陷位。希望通过本章节的探讨，TiO_2 缺陷位与晶型、氧化还原反应的关联能够被很好地认识。也希望通过本章节的工作，能够对缺陷位与抑制光生载流子复合方面的研究起到推动作用。

第二节　催化剂制备

以下所有用到的化学试剂都是购自 Alfa Aesar 化学试剂公司且没有经过任何提纯等步骤处理。

两相 TiO_2 具体合成步骤如下。锐钛矿 TiO_2 的合成：$TiCl_4$ 慢慢滴加到去离子水中(注意：尽可能地保证 1 滴/min)配制成 1mol/L 的 $TiCl_4$ 透明均一溶液。30mL 上述溶液和 30mL 1mol/L 的 KOH 溶液缓慢混合到烧杯中，搅拌约 5min，之后把混合液加入 75mL 聚四氟乙烯内衬中，最后放入高压反应釜中 100℃反应 24h。金红石的合成：10mL 1mol/L 的 $TiCl_4$ 加入 50mL 去离子水，装入 75mL 高压反应釜，180℃水热反应 24h。

两种离心烘干得到的 TiO_2 再在不同温度条件下煅烧 12h。对于锐钛矿命名为 A-n，金红石命名为 R-n，n 代表煅烧温度。

第三节　结果与讨论

一、TiO₂理化性质表征

对于 TiO_2 的两种晶型而言，它们都属于四方晶系结构（这也是它们能形成异质结的本质原因），且锐钛矿相一般在 $500 \sim 700℃$ 的高温煅烧条件下会转化为热稳定性很好的金红石相。图 $3-1$ 给出了两种晶型 TiO_2 的 XRD 结果。从图中可以看出，制备出的锐钛矿的热稳定性很好，在 700 度高温的条件下依然保持着纯的晶相。根据如下谢乐公式来估算制备的锐钛矿晶粒大小：

$$D = k\lambda / (\beta_c - \beta_s)\cos\theta \qquad\qquad (3-1)$$

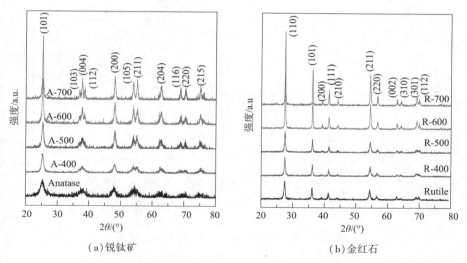

（a）锐钛矿　　　　　　　　　　（b）金红石

图 $3-1$　锐钛矿和金红石 TiO_2 的 XRD 结果

式中，D 为晶粒大小；k 为常数 $=0.89$；λ 为 X 射线的波长；β_c 和 β_s 分别为计算峰面和单晶硅相应峰面的半峰宽；θ 为晶面衍射角[锐钛矿来说是（101）面]。其锐钛矿 TiO_2 制备出的原粉粒径大小约 10nm，这也解释了这里锐钛矿的热稳定性原因，与文献报道的纳米级锐钛矿热稳定性相一致。另一方面，XRD 的衍射强度对于纳米颗粒来说是与纳米颗粒的结晶度程度呈正相关的。从图中可以看出，两相 TiO_2 的结晶度都是随着煅烧温度的升高而升高的。根据上述谢乐公式，选取锐钛矿的(101)面和金红石的(110)面衍射主峰来估算两者的颗粒变化趋势，锐钛矿的颗粒大小是从 10nm 增大到 25nm 左右，金红石是 22～45nm。

Raman 光谱是一种很灵敏的表面技术，其主要用来说明表面原子排列的原子键振动方式。这里利用 Raman 技术来进一步说明两相的晶体结构和纯度。图 3-2 给出了两种晶型 TiO_2 的 Raman 结果。从图中可以看出，具有四方 I41/amd 空间结构的锐钛矿，四种典型的锐钛矿 Raman 振动模式：位于 140cm^{-1} 的 A_{1g}，395cm^{-1} 的 B_{1g}，515cm^{-1} 的 A_{1g} 和 635cm^{-1} 的 Eg 振动。对于金红石而言，三种 Raman 振动模式：位于 230cm^{-1} Raman 位移的多声子振动，445cm^{-1} 的 Eg 振动和 610cm^{-1} 的 A_{1g} 振动。且对于两种晶型 TiO_2 的 Raman 振动模式强度都是随着煅烧温度的升高而增强，这跟上述 XRD 结果相一致。

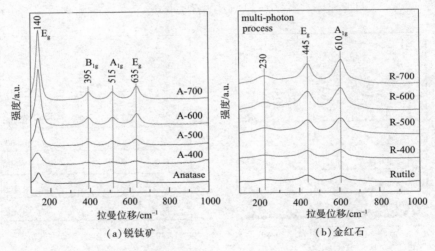

（a）锐钛矿　　　　　　　　（b）金红石

图 3-2　锐钛矿和金红石 TiO_2 的 Raman 结果

对于 Raman 振动模式的归属给出了如下模型：锐钛矿相的(101)和(001)面，金红石的(110)和(100)面(图 3-2)。从图中可以看出，锐钛矿的(101)面主要由饱和的 6c-Ti、3c-O 键和不饱和的 5c-Ti、2c-O 键构成；对于(001)面，则主要是不饱和的 5c-Ti 和 2c-O 键。对于金红石的(110)面，类同于锐钛矿的(101)面主要是有饱和的 6c-Ti、3c-O 键和不饱和的 5c-Ti、2c-O 键构成；(100)面则与锐钛矿的(001)面类似主要由不饱和的 5c-Ti 和 2c-O 键构成。对于饱和的 6c-Ti、3c-O 键易形成对称伸缩振动，而不饱和的 5c-Ti 和 2c-O 键则易产生对称弯曲和反对称弯曲振动。上述振动模式体现在 Raman 谱图，则

是 E_g 模式主要是 O—Ti—O 的对称伸缩振动，B_{1g} 则是 O—Ti—O 键的对称弯曲振动，A_{1g} 模式归因于 O—Ti—O 反对称弯曲振动。

锐钛矿 TiO_2 的(101)面和金红石的(110)面由于其具有饱和的 6c－Ti、3c－O 键而具有较好的热力学稳定性。下面就利用灵敏的 Raman 表面技术着重讨论一下两种晶相在高温煅烧条件下，是否改变暴露出来的晶面比例。这对于本章节抑制光生载流子复合与晶相关系的讨论至关重要。表 3－1 和表 3－2 给出了两种晶相 TiO_2 的不同 Raman 振动模式之间的比例。从表中可以看出，Raman 振动的强度可以直观地得出都是随着煅烧温度的升高而变大。对于锐钛矿相中的三个比率：A_{1g}/E_g、B_{1g}/E_g 和 A_{1g}/B_{1g} 和金红石的一个比率 A_{1g}/E_g 数值都基本保持不变。如上所述，Raman 光谱是一种很灵敏的表面技术，虽然不能根据上述数值得出锐钛矿(101)面和金红石(110)面的具体比例，但是可以得出对于两种晶相 TiO_2 暴露出来的晶面没有发生明显变化(图 3－3)。

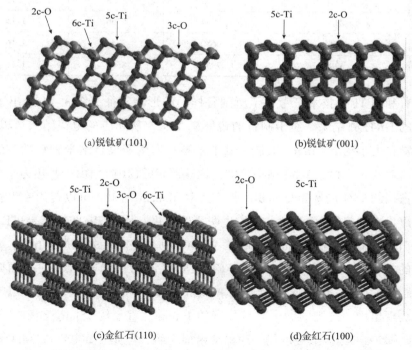

(a)锐钛矿(101)

(b)锐钛矿(001)

(c)金红石(110)

(d)金红石(100)

图 3－3 锐钛矿 TiO_2(101)(001)面和金红石(110)(100)面的模型

表3-1 锐钛矿 TiO₂ 不同 Raman 模式的强度和不同模式之间的比例

样品	Raman 强度			比率		
	$E_g/140cm^{-1}$	$B_{1g}/395cm^{-1}$	$A_{1g}/515cm^{-1}$	A_{1g}/Eg	B_{1g}/Eg	A_{1g}/B_{1g}
锐钛矿	2023	320	321	0.16	0.16	1.00
A-400	2116	283	287	0.14	0.13	1.01
A-500	5420	703	712	0.13	0.13	1.00
A-600	10870	1356	1370	0.13	0.12	1.01
A-700	12449	1560	1563	0.13	0.13	1.00

表3-2 金红石 TiO₂ 不同 Raman 模式的强度和不同模式之间的比例

样品	Raman 强度			比率
	Raman 震动峰/230cm⁻¹	$E_g/445cm^{-1}$	$A_{1g}/610cm^{-1}$	A_{1g}/Eg
金红石	1147	2688	2347	0.87
R-400	1276	2722	3125	1.15
R-500	2350	5034	5766	1.15
R-600	3116	6680	7744	1.16
R-700	3294	7358	8560	1.16

接着利用 TEM 技术来考察了所制备样品的形貌特征。图 3-4 给出了 TEM 和对应的 HRTEM 结果。对于制备的锐钛矿 TiO₂，从相应的电镜结果可以看出，其纳米颗粒大小约 2~5nm。煅烧后其纳米颗粒发生团聚且纳米颗粒随着煅烧温度的升高而变大。根据 Wuff 结构规则，锐钛矿相的(101)面由于其热力学稳定的特性而占据约 95% 的暴露总面积。根据上述 Raman 结果，可以得出在煅烧过程中，暴露出来的(101)面含量并未发生明显的变化。从的 HRTEM 结果可以看出，对应于(101)面的 0.35nm 晶面间距在 A-400 到 A-700 都能辨别出来；也给出了相应的快速傅立叶变换(FFT)，FFT 也间接说明了暴露出来的晶面归属于(101)面。这个结论也证实了上述的 Raman 结果。对于制备出来的金红石相来讲，其表现出均一规则的纳米棒且长度约 100nm、直径约 15nm。金红石纳米棒在 400℃ 和 500℃ 高温煅烧后仍表现出纳米棒形貌，但是在 600℃ 和 700℃ 的条件下，纳米棒则表现出了形貌膨胀。另一方面，对于金红石而言，(110)面是其热力学稳定晶面。根据 HRTEM，对应于(110)面的 0.325nm 晶面间距在四个煅烧样品中都能观察得到，对应的 FFT 结果也说明了(110)面的稳定存在。

表3-3列出了所要研究的两种晶型 TiO$_2$ 的 8 个样品的一些物理化学性质。这里值得一提的是，样品的比表面积随着煅烧温度的升高而降低。金红石相的比表面积要低于锐钛矿相，这是因为金红石的颗粒大于锐钛矿的原因。

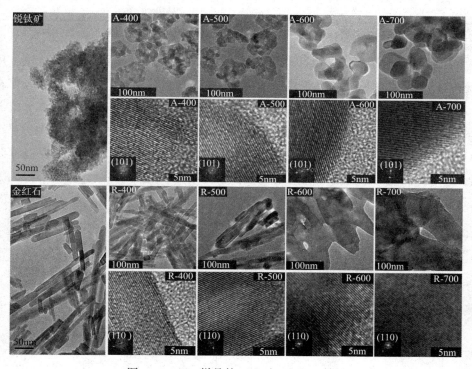

图3-4　TiO$_2$样品的 TEM 和 HRTEM 结果

表3-3　TiO$_2$样品的一些物理化学性质

样品	晶相	粒径大小/nm		比表面积/（m^2/g）
		XRD	TEM	
A-400	锐钛矿	12.3	16.6	142.4
A-500	锐钛矿	13.6	20.4	69.4
A-600	锐钛矿	19.4	30.8	38.5
A-700	锐钛矿	25.4	42.5	20.9
R-400	金红石	22.3	125.8×17.2	24.1
R-500	金红石	25.5	139.7×19.7	19.3
R-600	金红石	36.1	160.3×38.2	11.3

续表

| 样品 | 晶相 | 粒径大小/nm | | 比表面积/ |
		XRD	TEM	(m²/g)
R - 700	金红石	45.1	203.7 × 65.6	6.2

注：XRD 为通过金红石相(110)峰和锐钛矿相(101)峰 XRD 的公式估算，TEM 为通过透射电镜估算。

图 3 - 5 给出了所研究锐钛矿和金红石 TiO_2 的 UV - Vis 漫反射吸收光谱，用来研究样品的光学性质。对于锐钛矿的四个样品而言，它们的光吸收边缘都在380nm 左右，而金红石的四个样品都在405nm 左右，分别对应于锐钛矿和金红石的 3.2eV 和 3.0eV 的带隙宽度。从图中可以看出，高温煅烧并没有改变两种晶型 TiO_2 的光吸收边缘，但是 UV - Vis 漫反射光谱强度却随着煅烧温度的升高而降低，这个可能是由于高温煅烧引起颗粒粒径的增大，降低了入射光的接触面积，从而减弱了光的吸收。

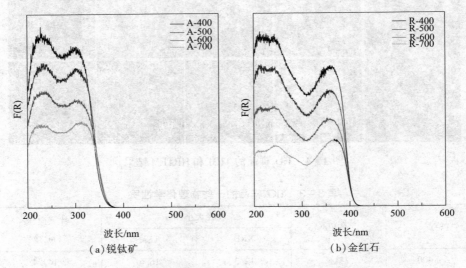

(a) 锐钛矿　　　　　　　　　(b) 金红石

图 3 - 5　锐钛矿和金红石 TiO_2 的 UV - Vis 光谱结果

荧光(PL)光谱，是研究半导体的光生载流子的俘获和迁移的一种非常有效的手段之一。这里，简单叙述一下半导体的荧光发光原理。荧光在半导体应用中一般来源于两个过程：当入射光引发带隙跃迁时，处于价带(CB)上的光生电子回到导带(VB)而释放出来能以光的形式表现出来，这种形式的荧光一般认为是带—带转换荧光；当带隙之间存在次带(如氧缺陷引起的价带结构)时，处于次带上的电子回到价带（VB）通常通过辐射转换成光以荧光的形式表现出来。

图 3 - 6 给出了所研究两种晶型 TiO₂ 的荧光光谱结果。对于锐钛矿和金红石分别表现出 415nm 和 430nm 的带隙跃迁，这个归结于第一种荧光模式。值得注意的是，两种 TiO₂ 都表现了 475nm 的可见荧光模式，这个可以归属为第二种荧光模式。这两种荧光的强度都是随着煅烧温度的升高而降低，与之前的文献报道相一致。荧光强度一般是与光生电子与空穴再次复合的数量呈正相关的。但是考虑到上述 UV - Vis 吸收光谱结果，两种 TiO₂ 晶型对入射光的吸收都是随着煅烧温度的升高而降低，所以这里无法根据 PL 结果给出具体的 PL 与煅烧温度的关系。但是这里可以根据可见 PL（475nm 位置）强度大致给出金红石的缺陷要多于锐钛矿。

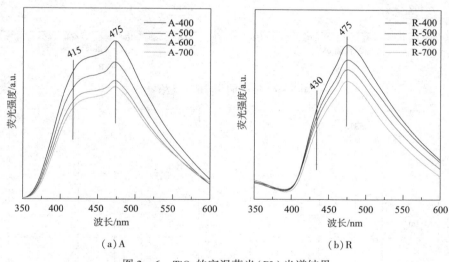

（a）A　　　　　　　　　　　　　（b）R

图 3 - 6　TiO₂ 的室温荧光（PL）光谱结果

利用 XPS 技术考察 TiO₂ 表面或者亚表面（表面深度大约 5nm）的元素组成。图 3 -7 和图 3 -8 给出了 O 1s 和 Ti 2p 结果。对于 Ti 2p 区域，归属于典型 Ti^{4+} 的 $2p_{3/2}$ 和 $2p_{1/2}$ 的结合能分别位于 458. 3eV 和 464. 1eV。高温煅烧并未改变两相 TiO₂ 的 Ti 元素配位情况。对于 O 1s 的情况，两种 TiO₂ 晶型都表现出三个明显的分别位于 529. 6eV，531. 6eV 和 533. 0eV 氧元素结合能。529eV 应该归属于 O - Ti^{4+} 的晶格氧，531. 6eV 和 533. 0eV 的情况归属于表面吸附的羟基基团。在 XPS 高真空条件下，可以排除物理吸附水的情况。表面羟基的来源这里归属于水分子

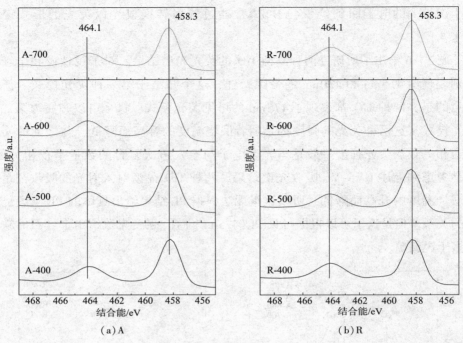

图 3 - 7　TiO$_2$ 的 Ti 2p XPS 结果

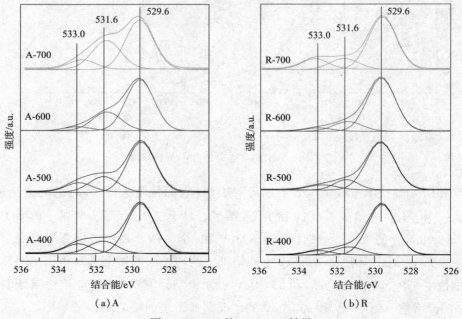

图 3 - 8　TiO$_2$ 的 O 1s XPS 结果

吸附到缺陷位点而解离成羟基，所以表面羟基间接地说明了表面缺陷位点的存在。另一方面，观察到对于两种 TiO_2 晶型的表面羟基 XPS 强度都是随着煅烧温度的升高而增强，这个说明表面缺陷位点含量是与煅烧 TiO_2 的温度呈现出正相关，这与 Mul 等利用 NH_3 – TPD 实验方法报道检测单位比表面的表面羟基含量与煅烧温度的正相关关系表现一致。

二、正电子湮灭技术表征 TiO_2 缺陷位

正电子湮灭技术是近些年发展起来的对于检测缺陷位点类型和浓度的一种很灵敏的手段，其对于缺陷位浓度的检测甚至可以达到 10^{-6} 级别。

表 3 – 4 给出了所研究的两种晶型 TiO_2 的 8 个样品的正电子湮灭结果。对于所有的样品都有三个正电子寿命 τ_1、τ_2 和 τ_3 和对应的强度 I_1、I_2 和 I_3。对于时间较长的 τ_3 一般归属于材料的大空间（如分子筛中的大孔）中的正电子正态电子偶素原子所对应的正电子寿命，这里不做讨论。时间最短的 τ_1 可以归属于在无缺陷晶体上的正电子自由湮灭。但是在有缺陷位点的晶体体系中，小的缺陷位点由于其能降低周围的电子密度而可以延长正电子的寿命。在的结果中，两相 TiO_2 对应的 τ_1 的数值（ $>200ps$ ）要大于文献报道的数值（约 $180ps$ ），这点说明了的 TiO_2 存在大量的小体积缺陷。对于 τ_2 组分，一般归属于较大缺陷位点（如缺陷点簇）引起的正电子湮灭，由于大的缺陷点簇平分电子密度的程度要弱于小的缺陷位点，所以 τ_2 的数值要大于 τ_1。已有文献报道，在 TiO_2 表面负载一定量的 AgI，能观察出 τ_2 的明显变化而 τ_1 的变化不大；氢气处理 TiO_2 而生成大量的体相 Ti^{3+} 氧缺陷却引起 τ_1 的明显变化而 τ_2 几乎不变。基于上述讨论结果，可以得出，对应于 τ_1 的小缺陷是位于体相而对应于 τ_2 的大缺陷位点则是位于表面或者亚表面。从表 3 – 4 中可以发现，锐钛矿和金红石的 τ_1 组分都随着煅烧温度的升高而表现出升高的趋势。一方面，是由于高温煅烧引起颗粒界面的迁移和缺陷团簇的下沉；另一方面，煅烧能引起亚表面的内颗粒迁移到表面而增加表面的缺陷簇。由于这两个方面的共同作用，使得表面缺陷簇的量随着煅烧温度的升高而增加从而延长了 τ_2 的寿命。I_1 和 I_2 可以认为是表面缺陷和体相缺陷的相对浓度，而 I_2/I_1 则可以认为是表面/体相的表观缺陷浓度之比。从表 3 – 4 中可以发现 I_2/I_1 的值是随着煅烧温度的升高而降低。但是从表 3 – 3 中可以看出，对于两种 TiO_2 他们的表面与体相的比率都是随着煅烧温度的升高而降低。所以这里引入针对缺陷位点浓度的

比率概念 R，定义如下：

$$R = \frac{C_{\text{surf}}}{C_{\text{bulk}}} = \frac{I_{\text{surf}}/V_{\text{surf}}}{I_{\text{bulk}}/V_{\text{bulk}}} = \frac{I_{\text{surf}}/(m \cdot S_{\text{BET}} \cdot \delta_{\text{surf}})}{I_{\text{bulk}}/(m/\rho_{\text{bulk}})} = \frac{I_{\text{surf}}}{I_{\text{bulk}}} \cdot \frac{1}{S_{\text{BET}} \cdot \delta_{\text{surf}} \cdot \rho_{\text{bulk}}}$$
$$= \frac{I_2}{I_1} \cdot \frac{1}{S_{\text{BET}} \cdot \delta_{\text{surf}} \cdot \rho_{\text{bulk}}} \qquad (3-2)$$

式中，m/ρ_{bulk} 定义为体相部分的体积；$m \cdot S_{\text{BET}} \cdot \delta_{\text{surf}}$ 为表相部分的体积；δ_{surf} 是锐钛矿（101）和金红石（110）面最外层的厚度。

表 3-4 给出了两种 TiO_2 晶型的煅烧样品的 R 值。从表中可以看出，R 值随着煅烧温度的升高而升高。即在的研究体系中，表相/体现的缺陷浓度比是随着从 400℃ 到 700℃ 煅烧温度升高而升高。

表 3-4　TiO_2 样品的正电子湮灭结果

样品	τ_1/ps	$I_1/\%$	τ_2/ps	$I_2/\%$	τ_3/ns	$I_3/\%$	I_2/I_1	R
A-400	200.5	38.92	376.9	58.21	2.219	2.87	1.50	6.6
A-500	207.4	42.90	391.2	54.80	2.274	2.25	1.28	11.5
A-600	219.8	47.90	403.9	48.40	2.225	3.64	1.01	16.4
A-700	213.2	48.20	399.1	47.80	2.291	4.03	0.99	23.6
R-400	208.6	39.60	372.6	56.30	2.071	4.05	1.42	25.4
R-500	201.7	49.83	404.1	48.40	2.032	1.77	0.97	31.5
R-600	212.7	51.10	399.5	46.50	2.186	2.36	0.91	50.3
R-700	214.0	55.30	410.0	42.10	2.137	2.58	0.76	76.6

注：$R = \dfrac{C_{\text{surf}}}{C_{\text{bulk}}} = \dfrac{I_{\text{surf}}/V_{\text{surf}}}{I_{\text{bulk}}/V_{\text{bulk}}} = \dfrac{I_{\text{surf}}/(m \cdot S_{\text{BET}} \cdot \delta_{\text{surf}})}{I_{\text{bulk}}/(m/\rho_{\text{bulk}})} = \dfrac{I_2}{I_1} \cdot \dfrac{1}{S_{\text{BET}} \cdot \delta_{\text{surf}} \cdot \rho_{\text{bulk}}}$。

三、TiO_2 样品光催化活性评价

为了探究 TiO_2 的缺陷位点对光生载流子复合的影响，选用两种典型的光催化反应——醇的氧化和水重整还原制氢来考察它们之间的关系。具体的实验步骤参见第二章实验部分。

首先讨论光催化重整甲醇水溶液制氢结果。图 3-9 给出了所研究的 TiO_2 样品光催化产氢数据（这里没有涉及共催化剂的问题）。对于锐钛矿和金红石，从图中可以看出他们都表现出了很好的产氢活性，其两者表现出来的表观活性（单位克催化剂）与煅烧温度相关趋势表现出不尽相同。锐钛矿样品，呈现出的表观

活性是随着煅烧温度降低趋势，到 600℃ 最低而在 700℃ 的时候增加；金红石样品，其表观活性是随着煅烧温度的升高而降低，即从 R‒400 到 R‒700，样品的表观产氢量呈降低趋势。但是，表观活性是不能反映出催化剂的本质。所以这里也给出了单位比表面的活性数据(针对外比表面的活性)。两者的单位比表面产氢速率都是随着煅烧温度的升高而升高。

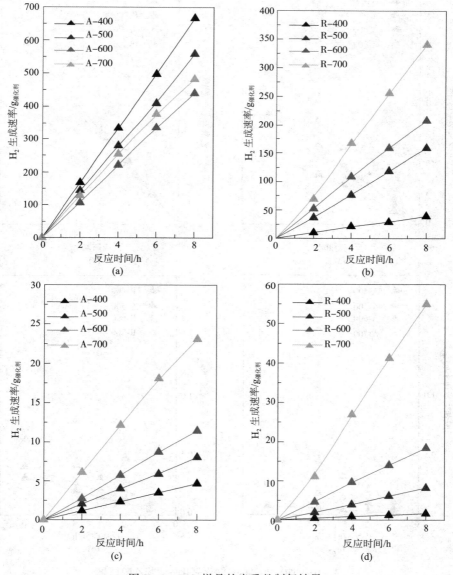

图 3‒9　TiO₂ 样品的光重整制氢结果

光催化分解水材料表界面调控与性能提升

图 3-10 给出了 α-苯乙醇的光催化氧化结果。该反应的选择性都达到了 91%~95%（甲苯和 CO_x 是主要的副产物）。类似于产氢结果，锐钛矿和金红石两相的表观活性没有表现出与煅烧温度一致的趋势。但是单位比表面的活性是与产氢趋势保持一致的，即都是随着煅烧温度的提高而活性增强。

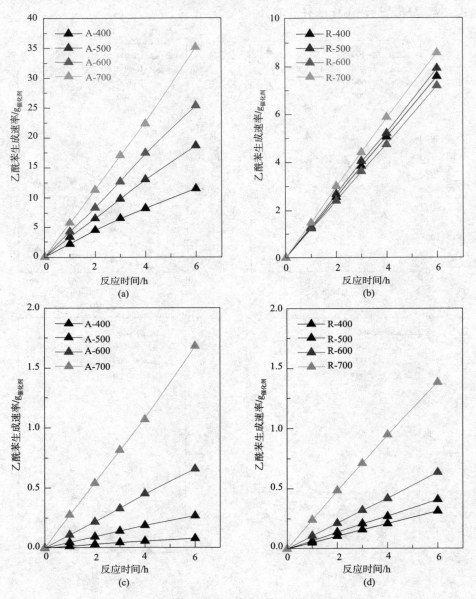

图 3-10　TiO_2 样品的光催化氧化 α-苯乙醇结果

40

首先就两相的活性做一个简要的对比。从上面的结果可以得出，两相 TiO_2 的活性是与煅烧温度存在着直接的关联。对于锐钛矿 TiO_2，A-400 表现出最高的表观光催化产氢活性[83μmol/(h·g)]；对于金红石，则是 R-700 表现出了最高的产氢数值[43μmol/(h·g)]。不难发现，对于表观产氢活性，锐钛矿的活性要优于金红石。考虑到两相的比表面积不一样这个事实(表3-3)，下面从能反应催化剂本质的单位比表面的活性来对比一下两者的差别。R-700 表现出了 $6.8μmol/(h·m_{cat}^2)$ 最高的单位比表面活性，对于锐钛矿最高的活性是在 A-700 的 $2.9μmol/(h·m_{cat}^2)$。对于光催化苄醇的氧化反应，锐钛矿相的表观活性要高于金红石。但是对于单位比表面的活性，两者并没有表现出类似于上述产氢的趋势而是活性相当。

考虑到催化剂的物化表征结果，两相 TiO_2 的暴露面并未发生改变，所以可以把纯相 TiO_2 在不同温度煅烧得到的活性归结于煅烧所引起的物化性质变化——表面/体相缺陷浓度比。为了得到直观的活性对比，也引入市售的纯相锐钛矿 TiO_2（UV100，比表面积：$288m^2/g$）和混相的 P25 TiO_2（比表面积 $50m^2/g$）跟合成的样品做一个活性比较。

从图3-11 的结果可以看出，所制备样品的氧化和还原活性要远远优于 UV100，醇氧化活性要优于 P25。R-700 表现出了最优的光解水制氢能力。这也说明了金红石通过微观调控手段，其光催化活性会高于通过类似调控的锐钛矿相。

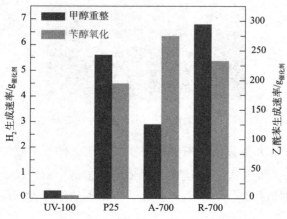

图3-11　A-700、R-700、UV-100 和 P25 的活性对比

为了更好地说明表面/体相缺陷位点对两相 TiO_2 光催化活性的影响。有必要花些篇幅来介绍一下光催化探针反应的机理。

$$TiO_2 + hv \rightarrow TiO_2 + h^+ + e^- \qquad (3-3)$$

$$CH_3OH + H_2O + 6h^+ \xrightarrow{HCHO \rightarrow HCOOH} CO_2 + 6H^+ \qquad (3-4)$$

$$Ti^{4+}(TiO_2)_{surf} + e^- \rightarrow Ti^{3+}(TiO_2)_{surf} \qquad (3-5)$$

$$T^{3+}(TiO_2)_{surf} + H^+ \rightarrow Ti^{4+}(TiO_2)_{surf}H_{ad} \qquad (3-6)$$

$$2Ti^{4+}(TiO_2)_{surf}H_{ad} \rightarrow 2Ti^{4+}(TiO_2)_{surf} + H_2 \qquad (3-7)$$

对于光催化重整制氢反应，在紫外光照射条件下，TiO_2 被激发生成光生电子和空穴[式(3-3)]；光生空穴迁移到电子密度比较低的表面缺陷位置氧化吸附的甲醇，然后甲醇通过一系列的氧化中间体(比如甲醛和甲酸)最后形成 CO_2[式(3-4)]；与此同时，表面的 Ti^{4+} 被光生电子还原成 Ti^{3+}[式(3-5)]；表面 Ti^{3+} 能还原吸附的质子成为表面吸附 H，两个相邻的 H 则结合到一块生成氢气[式(3-6)、式(3-7)]。在具体实验过程中，由于所用的高真空装置能够提供观察 Ti^{3+} 的便利条件，给出了反应过程中的悬浊液颜色变化(图3-12)。

图3-12　光重整制氢中间反应混合物的颜色变化

从图3-12中，不难发现所有的样品在高真空条件下重整制氢过程中都表现出了蓝色。这是典型的 Ti^{3+} 颜色。值得提出的是，这个蓝色(Ti^{3+} 引起的)在空气中是不稳定的。有趣的是，金红石蓝色在空气中大约能存在 30min 而锐钛矿则是5min 左右。

$$TiO_2 + hv \rightarrow TiO_2 + h^+ + e^- \qquad (3-8)$$

$$C_6H_5CH(OH)CH_3 + 2h^+ \xrightarrow{\text{radicals}} C_6H_5COCH_3 + 2H^+ \qquad (3-9)$$

$$Ti^{4+}(TiO_2)_{surf} + e^- \rightarrow Ti^{3+}(TiO_2)_{surf} \qquad (3-10)$$

$$2Ti^{3+}(TiO_2)_{surf} + O_2 + 4H^+ \rightarrow 2Ti^{4+}(TiO_2)_{surf} + 2H_2O \qquad (3-11)$$

对于光催化氧化苄醇体系，由于装置条件所限（非高真空，氧气体系）并不能检测出体系颜色的变化。上述四个方程给出了具体的醇氧化机理。基于以上机理讨论，大致可以得出，在的 TiO_2 体系其光催化活性仅与 TiO_2 的特有的物化性质有关。考虑到上面的讨论，这里可以得出本章节中的光催化产氢和苄醇氧化活性只与 TiO_2 的表面/体相缺陷浓度有关。

四、TiO₂缺陷与光生载流子分离的关联

影响 TiO_2 光催化活性的因素有晶相、晶面和缺陷位点等。在上述几个因素中，缺陷位浓度起到不可忽视的作用。在上文的讨论中，固定了晶相和晶面两种因素，只考察表面/体相缺陷位点与 TiO_2 光催化体系的关联。

在光照条件下（$hv \geq E_g$），TiO_2 被激发产生光生电子和空穴。电子跃迁到导带位置（CB），价带位置（VB）上留下一个空穴。在无缺陷完美的 TiO_2 体系中，光生电子和空穴参加反应或者复合。在具有表相/体相缺陷的 TiO_2 体系，具体的过程要比前者复杂。图 3-13 给出了几种光生载流子体相/表面复合路径模型。在静电相互作用条件下，光生空穴很容易在体相被缺陷位点俘获，体相俘获的空穴不能参与反应而成为光生电子的复合中心，所以体相缺陷是对具体的光催化过程起相反作用的。在表相的情况下，光生空穴同样容易被缺陷位点俘获，但是表相的缺陷位点又可以吸引反应物分子，所以表相缺陷俘获空穴和反应物从而抑制了光生电子—空穴的复合提高了光催化效率。显然的，表面/体相缺陷位点浓度是对具体的光催化过程有利的，即表面/体相缺陷位点浓度是抑制光生载流子复合起到决定作用。下面关联了表面/体相缺陷位点浓度 R 值与光重整制氢和光催化氧化醇，图 3-14 给出了相应结果。

从图 3-14 结果可以直观地看出，在锐钛矿和金红石体系，光催化重整制氢和光催化氧化苄醇的单位比表面活性都是与 R 值呈正相关的。表面/体相缺陷浓度对于抑制光生载流子复合起着决定的作用。另一方面，由于 TiO_2 锐钛矿相和金红石相的一些物化性质不同（比如费米能级和对反应物的吸附能力），这里无法

定性地给出表相/体相缺陷浓度对 TiO₂ 的影响，只能简单比较锐钛矿和金红石在一定的表相/体相缺陷浓度条件下光催化活性大小。

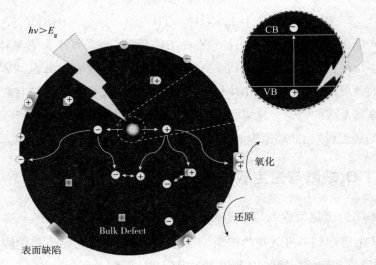

图 3-13 TiO₂ 几种光生载流子表面和体相复合路径图

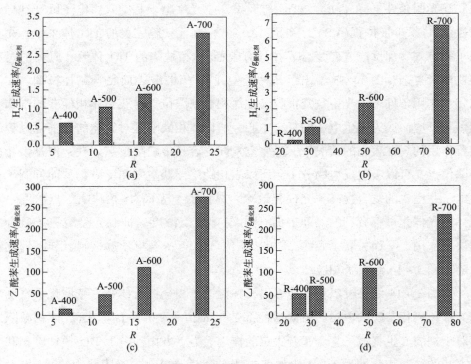

图 3-14 TiO₂ 表相/体相缺陷浓度与光催化活性的关系

综上，通过简单方法制备了两种晶型 TiO$_2$。之后通过简单高温煅烧来获得不同比例的表相/体相缺陷浓度。通过 XRD、Raman 和 TEM 等结构表征手段证实，在不同温度煅烧过程中，TiO$_2$ 两种晶型——锐钛矿和金红石暴露出来的晶面没有发生明显变化。利用先进的正电子湮灭技术，定量研究两种晶型 TiO$_2$ 的表相/体相缺陷浓度，并利用醇的选择性氧化和水的重整制氢两种探针反应关联了表相/体相缺陷浓度比与光催化活性关系。结果证实，表相/体相缺陷浓度比与光催化氧化和还原反应活性的强弱呈正相关，即较大的表相/体相缺陷位浓度是抑制 TiO$_2$ 光生载流子复合的一种有效手段。在具体的半导体光响应过程中，作者希望本章节的工作对于其他科学研究者在设计抑制光生载流子复合策略方面能够起到具体的参考作用。

第四章　Nb_2O_5/TiO_2 异质结在抑制光生载流子复合的应用

第一节　引　言

利用取之不尽的太阳能来解决未来的能源危机是目前科学家研究的热点课题。半导体光响应所涉及的能源催化反应，如光解水制氢由于涉及清洁能源氢能无疑是当前的研究热点之一。在光响应催化反应中，半导体的光生载流子复合速率要大于其参与催化反应的速率，如何很大程度上抑制光生载流子复合成为光响应催化反应亟待解决的问题。负载一定量的贵金属作为共催化剂等手段来解决上述问题已被广泛报道，该方法是因为贵金属与载体之间存在一定的费米能级差，对光生载流子的分离起到一定的促进作用，同样，如果两个半导体存在一定的能级差，亦可以获得类同于贵金属负载的效果。在上文中着重讨论了 TiO_2 缺陷位点对光生载流子分离的作用，在本章中将讨论另一种抑制载流子复合的策略——异质结。

异质结构建的一个关键因素如上所述，是不同半导体之间的费米能级不同，另一个因素则是两者的导价带位置至少有一个存在电势差，这样才能保证光生载流子在两者之间存在迁移效应从而减少它们之间的复合。目前已经报道了很多异质结体系，如 $WO_3/BiVO_4$、CdS/TiO_2、$Ag_3PO_4/BiVO_4$。但是，异质结构建是否成功的关键是两物相之间的接触程度，其直接关系着载流子能否顺利相互转移。所以异质结构建的关键因素是制备方法。另一方面，复合氧化物也存在类似于负载贵金属共催化剂的尺寸效应，即负载超细氧化物到载体上面能更好起到载流子在不同物相之间的迁移。在负载超细氧化物方面，原位负载是大家选用最好的方法之一。如 Liu 等原位负载约 2nm 的超细 Cu_2O 到 TiO_2 纳米片上形成 Cu_2O/TiO_2 异质结，其活性要高于 $N-TiO_2$ 的 3 倍；Yao 等原位负载 Ag_3PO_4 到 TiO_2 上形成了高活性的 Ag₃PO₄/TiO₂异质结化合物；Li 等利用有机配体的方法成功控制了超细 Ag₃PO₄原位负载到 BiVO₄(040)面上。值得一提的是，超细单元的控制一般需要特殊的制备条件，如 pH 的控制，配体的选用。

Nb_2O_5类同于 TiO_2是一种典型的 n 型宽带隙半导体。其在光催化反应中同样具有好的光稳定性，对环境无害和容易制备等优点而被广泛研究。但是，Nb_2O_5被用来组合 TiO_2形成异质结化合物来获得较好的光生载流子分离，目前还没有相关报道。在本章中，通过简单方法成功控制了 Nb_2O_5的粒径大小获得了负载超细 Nb_2O_5的 Nb_2O_5/TiO_2异质结化合物，并利用醇的光催化氧化和水分解制氢两种探针反应来说明这里所构建的异质结在抑制光生载流子复合方面的作用。

第二节　Nb₂O₅/TiO₂化合物的制备

金红石纳米颗粒的制备：5mL 异丙醇钛和 5mL 异丙醇混合搅拌 30min，混合液接着加入 40mL 的 pH = 0.5 的硝酸溶液；得到的混合液在 80℃搅拌 10h；最后混合液加入高压反应釜中在 200℃静止反应 24h。抽滤得到的粉末在 450℃马弗炉中煅烧 4h。

Nb_2O_5/TiO_2异质结的制备：0.5g 制备的金红石 TiO_2粉末加入 30ml 0.5M 的盐酸溶液搅拌约 30min。接着把称量好的 $NbCl_5$加入上述混合液中。快速加热去水，得到的粉末样品 80℃烘箱放置 24h。得到的异质结化合物命名为 Nb/Ti = n，这里 n 代表 Nb 对 Ti 的质量比。

第三节　结果与讨论

一、Nb₂O₅/TiO₂理化性质表征

利用 XRD 和 Raman 技术来研究所制备的金红石 TiO_2和 Nb_2O_5/TiO_2异质结化合物的物相结构信息。图 4-1 给出了对应的 XRD 和 Raman 结果。对于金红石相 TiO_2结构，从 XRD 结果可以得出其为纯相(PDF：21-1276)。Nb_2O_5/TiO_2复合氧化物的结构结果与纯相金红石 TiO_2几乎保持一致，并没有发现 NbO_x的特征衍射峰。这是因为一方面 Nb 的含量很低，另一方面根据图 4-2 所制备的 Nb_2O_5结构非晶结

果，即 NbO_x 是以非晶态形式存在于 TiO_2 表面。另一方面，根据 XRD 结果，基于谢乐公式大致可以得出，所制备的 TiO_2 样品表现出约 30nm 的颗粒大小。

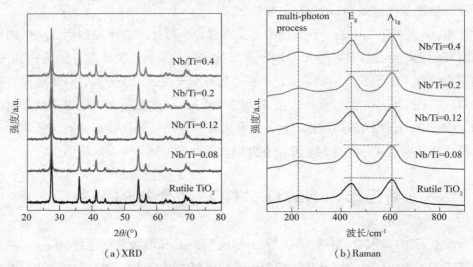

(a) XRD　　　　　　　　　　(b) Raman

图 4-1　金红石 TiO_2 和 NbO_x/TiO_2 异质结的 XRD 和 Raman 结果

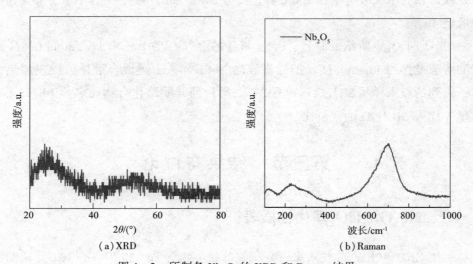

(a) XRD　　　　　　　　　　(b) Raman

图 4-2　所制备 Nb_2O_5 的 XRD 和 Raman 结果

对于 Raman 结果，金红石相 TiO_2 的三个典型 Raman 振动峰在所有的样品中都有所体现。比较了负载一定量的 NbO_x 化合物前后的 Raman 各个峰位置和相对强度，并未发现有明显的改变，这说明 NbO_x 的负载并未改变金红石的表面结构。

接着利用 XPS 技术来考察样品的表面元素状态。

从 XPS 谱图的结果中，只有 Ti、O 和 Nb 三种元素，且在图 4-4XPS 全谱的结果中，Nb 的峰随着加入量的增加而增强（图 4-3、图 4-4）。图 4-5 给出了参比 Nb$_2$O$_5$ 的 Nb 3d 结合能结果，结合能位置分别位于 207.1eV 和 209.9eV，说明通过的制备方法得到的 Nb$_2$O$_5$ 是非晶态的，这与上述 XRD 和 Raman 结果相一致。但是，对于 Nb$_2$O$_5$/TiO$_2$ 异质结的 XPS 结果，在 Nb 的 3d 谱图中（图 4-5），3d 的两个结合能峰分别位于 206.9eV 和 209.7eV，要低于上述参比 Nb$_2$O$_5$ 大约 0.2eV。另一方面，也跟典型 NbO$_2$ 中 Nb 的 3d 结果进行了对比，负载的 Nb 结果大约高于 NbO$_2$ 的 0.9eV。所以基于上述讨论，负载的 Nb 主要是五价的形式存在于 TiO$_2$ 的表面，0.2eV 的偏移可能是由 TiO$_2$ 表面缺陷态引起的若干 Nb 还原（这一点将在 ESR 部分有所讨论）。这里定义所合成出的 Nb$_2$O$_5$/TiO$_2$ 异质结化合物为 NbO$_x$/TiO$_2$。根据上一章的讨论，XPS 是一种表面技术，其探测深度为 5 个纳米左右，也就是说在这 5 个纳米的范围内，XPS 是一种对含量很是精确的表征手段。也给出了 XPS 对 Nb 含量相对于 Ti 的定量结果。Nb/Ti 的探测原子比和投料质量比的关系是直线关系，这也说明了 Nb 的负载在制备过程没有出现浪费。此时的 XPS 结果也与的 ICP（表 4-1）相吻合。

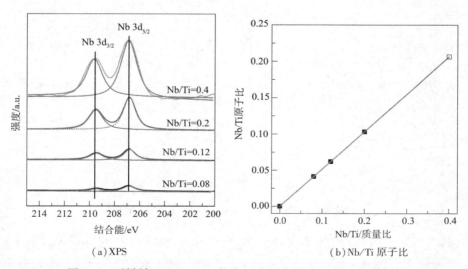

（a）XPS   （b）Nb/Ti 原子比

图 4-3 所制备 Nb$_2$O$_5$/TiO$_2$ 的 XPS 和对应的 Nb/Ti 原子比结果

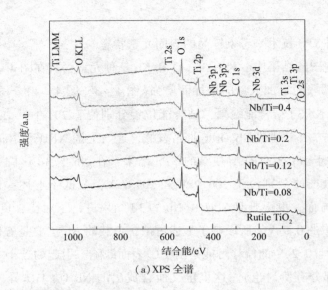

（a）XPS 全谱

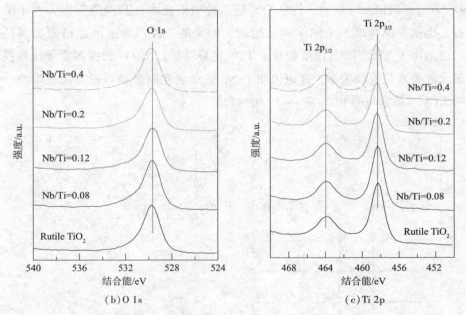

（b）O 1s

（c）Ti 2p

图 4 - 4   XPS 全谱和对应的 O 1s 和 Ti 2p 结果

接着研究了所制备金红石 TiO_2、Nb_2O_5 和系列 NbO_x/TiO_2 样品的漫反射 UV - Vis 吸收情况。图 4 - 6 给出了 UV - Vis 结果。对于金红石 TiO_2，其表现出约 410nm 的带隙吸收边缘金红石吸收峰，对应于 3.05eV 的带隙，这符合上一章节中的讨论。对于合成的非晶态 Nb₂O₅，其表现出 374nm 的带带边缘吸收跃迁，对应于 3.4eV 的带隙。但是对于 NbO$_x$/TiO₂ 样品，都表现出了 410～415nm 的边缘吸收（很微弱的带隙红移，这里可以忽略不计），与纯金红石 TiO₂ 基本没有大的差别。这说明，在 TiO₂ 表面负载一定量的 NbO$_x$ 基本对它的光学吸收性质没有明显影响。另一方面，随着 Nb 含量的增加，紫外区的光吸收强度是降低的。这是由于电子在 Nb₂O₅ 和 TiO₂ 两个晶面直接的转移造成的。根据 Marcus 理论，当半导体的粒径很小（约 3nm）时，

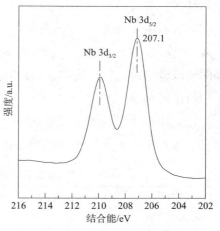

图 4－5　所制备的 Nb₂O₅ 的
Nb 3d XPS 结果

电子在两个半导体界面之间的迁移速率在很大程度上将提高，从而引起表观的光吸收强度降低。

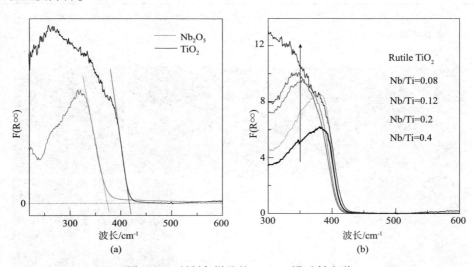

图 4－6　所制备样品的 U－Vis 漫反射光谱

所制备样品的形貌和负载 NbO$_x$ 粒径大小特征用 TEM 技术来考察。图 4－7 给出了相应的结果。从图 4－7（a）～（e）中可以看出所制备金红石 TiO₂ 的粒径大约为 30nm，与上述的 XRD 结果相一致。对于 NbO$_x$/TiO₂ 系列化合物，在金红石 TiO₂ 表面上，大约 2～3nm 的均匀分散颗粒能被观察出来。图 4－7（f）的 EDS 结

果证实，那些约 2~3nm 的黑色小颗粒属于 NbO_x 化合物。TEM 结果也说明了没有形成 core-shell 结构。图 4-7(g) 也给出了利用相同方法——即若干量的 $NbCl_5$ 放入 0.5M 的 HCl 溶液中相同办法制备的非晶态 Nb_2O_5 的 TEM 图结果，从图可以看出通过这种简单方法制备的 Nb_2O_5 并未表现出小粒径现象。表 4-1 总结给出了金红石 TiO_2 和 NbO_x/TiO_2 异质结的一些物化结构性质。如金红石 TiO_2 的粒径大小和比表面积，负载的 NbO_x 的粒径大小。也根据 ICP 来验证了 Nb 的含量，基本是与上述 XPS 的表面分析结果相一致的（图 4-8）。

表 4-1　金红石 TiO_2 和 NbO_x/TiO_2 异质结的物化性质

样品	Nb 的负载率/%	TiO_2 粒径/nm	NbO_x 大小/nm	比表面积/(m^2/g)
Rutile TiO_2	0	32.1	/	58.2
Nb/Ti = 0.08	4.8	33.2	2.1	56.7
Nb/Ti = 0.12	7.2	32.3	2.2	57.3
Nb/Ti = 0.2	12.1	30.5	2.4	56.8
Nb/Ti = 0.4	23.9	31.3	2.5	54.9

注：Nb 的负载率通过 ICP 计算得到；TiO_2 粒径通过金红石相 TiO_2 的(110)峰强度计算得到；NbO_x 大小通过 TEM 得到。

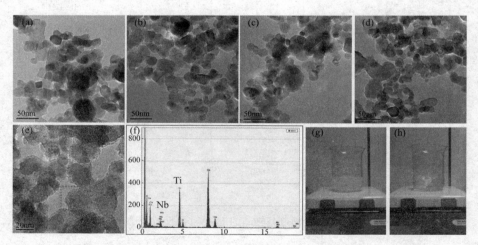

图 4-7　(a)所制备的金红石 TiO_2 和 NbO_x/TiO_2 异质结；(b)Nb/Ti = 0.08 的 TEM 结果；(c)Nb/Ti = 0.12 的 TEM 结果；(d)Nb/Ti = 0.2 的 TEM 结果；(e)Nb/Ti = 0.4 的 TEM 结果；(f)对应于(e)中红色区域的 EDS 结果；(g)和(h)分别是 0.5g 的 $NbCl_5$ 溶解在 30mL 水和 0.5M 的盐酸溶液中

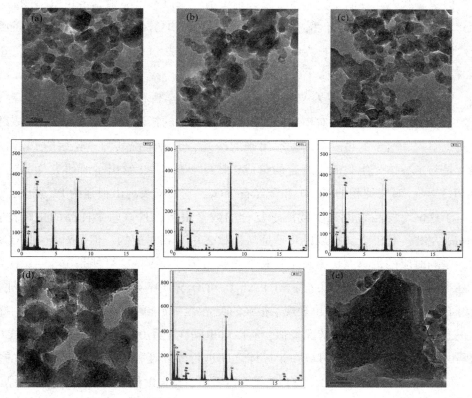

图 4 - 8 （a）~（d）Nb$_2$O$_5$/TiO$_2$ heterojunctions；Nb/Ti = 0.08~0.4 的
TEM 图和对应的 EDS 结果；（e）合成出的 Nb$_2$O$_5$ 结果

基于上述相关催化剂的表征结果讨论，有必要对 Nb$_2$O$_5$/TiO$_2$ 异质结结构的形成机理给出一个明确的过程。首先，把合成出的金红石 TiO$_2$ 分散到约 0.5M 的盐酸溶液中（pH 值约为 0.4）；由于强酸的 pH 值远低于 TiO$_2$ 的等电点（6~7），所以金红石 TiO$_2$ 表面吸附大量的 H$^+$ 而呈正电荷，这些带正电荷的约 30nm 左右的载体彼此排斥而均匀地分散在水溶液中。这样给 Nb$_2$O$_5$ 的负载提供了两个条件：其一是提供了分散均匀的载体，保证负载物的均匀负载；其二是载体表面带的大量均一分散正电荷是 Nb$_2$O$_5$ 的成核位点，保证负载物粒子的成核位点多而成核粒径小。根据 NbCl$_5$ 的性质，其在强酸水溶液中会水解成系列水溶性的铌氯氢氧化合物，如 Nb(OH)$_2$Cl^{4-} 阴离子。图 4 - 7（g）和（h）给出了 NbCl$_5$ 在水和强酸溶液中的具体情况，可以看出明显的浑浊区别。这也间接地说明了 NbCl$_5$ 在强酸溶液中是以离子状态存在的。这些离子呈现负电荷，所以可以吸附到带正电荷的载体TiO_2上面。在100℃去除水的过程中，类似于$Nb(OH)_2Cl^{4-}$的铌化合物一方面缓慢水解，另一方面异相成核在吸附位点上面。在这些过程的综合作用下，约3nm的Nb_2O_5原位负载到了载体TiO_2上面（图4-7）。

室温荧光光谱（PL）是对半导体载流子复合、俘获和迁移检测的一种非常有效的手段之一。但是在针对半导体的光致荧光光谱的情况，一般认为荧光是来自于光生空穴和电子的再复合而发射出来的冷光。也就是说其归一化后的PL谱图强度是与半导体光生载流子复合的量成正比的。图4-9给出了所研究样品的室温PL结果。对于纯相的Nb_2O_5和金红石TiO_2，它们都表现出很强的PL强度，说明对于这两个样品来说光生载流子复合的数量很多。且该两个样品的主峰都在420nm左右，对于金红石来说几乎是与带隙2.9eV相对应的；但是对于Nb_2O_5来讲，主峰对应的带隙能量要高于其紫外吸收带隙0.3eV，这可能是由于Nb_2O_5的非晶态引起的位移。另一方面，对于Nb_2O_5/TiO_2异质结系列化合物，类似于纯相金红石TiO_2，约470nm处也表现了很强的荧光峰，而纯的Nb_2O_5却没有类似的峰。这跟上章讨论TiO_2缺陷的情况类似，所以这里同样把470nm的峰归属到载体TiO_2缺陷引起的。载流子同时可以在半导体之间进行界面迁移，从而抑制载流子的复合。从图4-9中负载Nb_2O_5的PL结果可以看出，其强度低于纯载体TiO_2，但是纯Nb_2O_5的强度却很高。所以这里可以把负载Nb_2O_5后的PL强度降低归属于光生载流子在两相之间的迁移而导致载流子复合率的减少。需要指出的是，此时的PL结果说明了Nb_2O_5/TiO_2异质结结构对于光生载流子复合起到很有效的抑制作用。

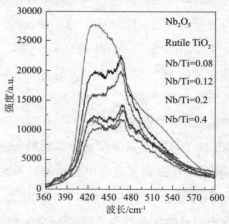

图4-9　金红石TiO_2、Nb_2O_5和NbO_x/TiO_2异质结化合物的室温PL光谱

低温电子顺磁共振（ESR）对于检测表面缺陷位点（检测物种为 O_2^- 自由基）和体相具有单电子元素（比如体相 Ti^{3+}）是一种很有效的手段之一。在半导体光催化方面，一般也会加入光照用氧气俘获光生电子生成 O_2^- 自由基。由于其具有很高的灵敏度和很强的定性能力，在光催化领域中被广泛应用。这里首先给出了黑暗条件下的 ESR 结果。如图 4-10（a）所示，Nb₂O₅ 没有表现出 ESR 信号，而在金红石 TiO₂ 和 NbOₓ/TiO₂ 样品中，存在弱的信号，其位置转化后在 $g=2.001$。这个 g 值可以归属于空气中的氧气吸附缺陷位置的自由电子而形成 O^- 自由基信号。另一方面，归一化的 ESR 信号强度是随着 Nb₂O₅ 的量增加而降低。这说明 Nb₂O₅ 是在载体 TiO₂ 表面缺陷位点处异相成核的。这也说明了上述 XPS 的 Nb 价态接近 +5 价的结果（先异相成核的 Nb 被表面缺陷位点富集的电子还原了）。也可以根据此时的黑暗条件下的 ESR 结果得出合成出的 Nb₂O₅ 是没有缺陷位点的，这跟上述的 PL 单一峰的结果相一致。对于 TiO₂ 系列化合物，也说明是没有 Ti^{3+} 存在的。

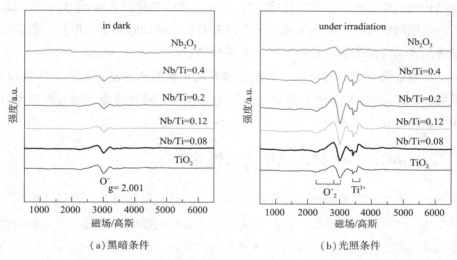

（a）黑暗条件　　　　　　　　（b）光照条件

图 4-10　TiO₂、Nb₂O₅ 和 NbOₓ/TiO₂ 异质结黑暗和光照条件下 ESR 结果

　　同时，这里也检测了在 UV-Vis 光照条件下的 ESR 信号。由图 4-10 的右图可以看出又出现了很多新峰。$g_1=2.002$、$g_2=2.009$ 和 $g_3=2.028$ 可以归属于超氧自由基（O_2^-），它的形成是由于催化剂表面的氧气俘获光生电子。该峰的出现也掩盖了原有的 O^- 自由基信号。但是，不同于上述黑暗条件的 ESR 信号，归一化后的超氧自由基（O_2^-）强度随着 Nb₂O₅ 含量的增加而增强，而且基本到 Nb/

Ti = 0.2 达到最高值，随后强度有所降低。这里可以得出，NbO_x/TiO_2 异质结结构对光生载流子的分离起到很好的效果，这与上述的室温 PL 结果相一致。除了 O_2^- 自由基的信号外，$g = 1.982$ 和 $g = 1.978$ 位置处也出现了两个新峰，这个峰归属于文献报道的体相 Ti^{3+} 信号。相对于无光照条件下的 ESR 结果，可以认为，此时的 Ti^{3+} 生成是由于光生电子还原 Ti^{4+} 所致。高的 Ti^{3+} 信号从侧面也说明了很好的光生载流子分离效果。

从上述的材料结构表征结果可以得出以下结论：XRD 和 Raman 结果证实的材料是纯相金红石 TiO_2，由于 Nb 的含量比较低所以并未发现 NbO_x 的信号；同时载体 TiO_2 表面 Ti—O 键的振动模式并未因为 NbO_x 的负载而发生明显变化，这些结果间接说明 NbO_x 的粒径小和均匀分布。接着 TEM 和对应的 EDS 分析说明了 NbO_x 的小粒径均匀存在，粒径约 3nm；UV - Vis 光谱的强度降低也间接说明了负载的 NbO_x 粒径约 3nm。利用室温 PL 光谱和 ESR 手段来验证原位负载 NbO_x 的异质结结构对光生载流子分离的影响。PL 强度的降低和光照 ESR 的 O_2^- 信号都说明制备的异质结结构在抑制光生载流子复合方面起到很好的效果。但是，制备的异质结样品在实际的光催化反应当中，效果如何呢？

下面就以两种典型的反应：光催化醇氧化和水的还原制氢来作为探针反应，来说明制备出的 NbO_x/TiO_2 异质结化合物光生载流子的分离能力同时可以很好地应用到具体的化学反应中。

二、NbO_x/TiO_2 样品光催化活性评价

图 4 -11 给出了这里所研究样品的 α - 苯乙醇光氧化结果。参比 Nb_2O_5、金红石 TiO_2 和 NbO_x/TiO_2 异质结样品都表现出了很好的醇氧化结果，且它们的选择性生成苯乙酮高达 95%（甲苯作为主要的副产物），这与之前报道的结果一致。从上图可以清晰地看出，NbO_x/TiO_2 异质结样品的活性要高于参比样品，且氧化活性随着 Nb 含量的增加而升高直到 Nb/Ti = 0.12，然后增加 Nb 的含量其活性表现出下降。这说明 NbO_x 的表面负载量有一个最优值，这里是当 Nb/Ti = 0.12 时是最佳量。对于 Nb/Ti = 0.12 样品，α - 苯乙醇的光催化氧化转换率最高为 8mmol/(g·h)，约是纯金红石的 3 倍同时是 Nb_2O_5 的 8 倍。根据表 4 -2，样品的 BET 是接近的，所以这里表观反应活性就可以用来说明催化剂的内在反应活性——单位比表面活性。

同时也分析了反应前后样品的元素结合能情况，图4-12给出了选用的 Nb/Ti=0.12 样品在光催化氧化醇的 XPS 结果。对比反应前后的三种元素，Ti、O 和 Nb 的结合能基本是没有发生变化，且三种元素的结合能并未发生位移，这说明制备的样品稳定性和异质结结构的稳定性很好。这也间接说明这里的原位负载氧化物的方法是制备牢固异质结很好的一种策略。

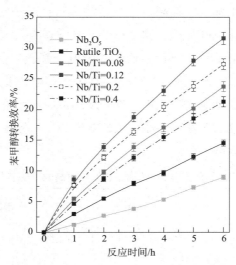

图4-11　金红石 TiO_2、Nb_2O_5 和系列 NbO_x/TiO_2 异质结样品的光催化氧化醇反应结果(反应条件：催化剂 0.3g，α-苯乙醇 25mmol，三氟甲苯 27mL)

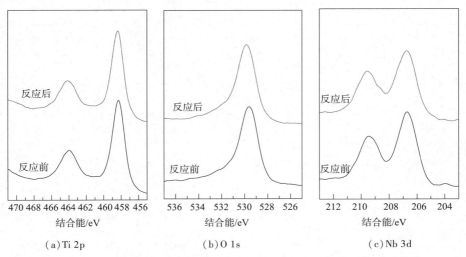

(a) Ti 2p　　　　　(b) O 1s　　　　　(c) Nb 3d

图4-12　Nb/Ti=0.12 异质结化合物在 α-苯乙醇氧化前后的 XPS 分析

光催化分解水材料表界面调控与性能提升

接着也把制备的 Nb/Ti = 0.12 样品应用到了其他苄醇的氧化反应中。表 4 - 2 给出了醇氧化结果。从表中可以看出，得到的异质结样品同样在其他苄醇氧化中表现出优于纯金红石 TiO₂ 结果。在大多数苄醇的选择性氧化反应中，5h 反应的选择性都在 90% 左右。在几个特殊的醇中，比如二苯基甲醇，其反应活性很低。这是因为两个苯环的位阻效应阻挡了反应物在 TiO₂ 表面的吸附，光生载流子不能有效地转移到反应物上面，从而阻碍了反应的进行；对于对位取代的苄醇情况，反应活性一般遵循 Hammett 规则，比如一些给电子基团—OCH₃、—CH₃ 可以促进反应的进行相对于没有取代的苄醇；而一些吸电子基团如—Cl、—NO₂ 则是对反应起到一定的抑制作用。在表 4 - 2 中的苄醇选择氧化结果，也间接地说明了这里构筑的异质结结构对抑制光生载流子复合起到很好的作用。光生载流子的氧化反应很好，其对应的光生载流子还原反应的效果如何？下面就讨论一下异质结结构的光催化还原反应效果。

表 4 - 2　基于 TiO₂ 和 NbOₓ/TiO₂ 异质结的苄醇有氧氧化

	反应物	产物	催化剂	转化率/%	选择性/%	反应速率/[mmol/(g·h)]
1			NbOₓ/TiO₂	64.3	85.1	16.4
			TiO₂	21.6	91.4	5.4
2			NbOₓ/TiO₂	66.2	84.9	17.1
			TiO₂	23.1	90.3	5.9
3			NbOₓ/TiO₂	67.8	74.3	17.6
			TiO₂	24.9	93.1	6.2
4			NbOₓ/TiO₂	29.3	85.6	7.6
			TiO₂	10.2	91.5	2.7
5			NbOₓ/TiO₂	12.3	83.9	3.6
			TiO₂	5.8	94.3	1.5
6			NbOₓ/TiO₂	60.5	94.8	15.7
			TiO₂	24.2	96.7	7.2

续表

	反应物	产物	催化剂	转化率/%	选择性/%	反应速率/[mmol/(g·h)]
7	OH	O	NbOₓ/TiO₂	31.2	96.3	8.0
			TiO₂	13.1	97.2	2.6
8	OH	O	NbOₓ/TiO₂	3.2	97.4	0.9
			TiO₂	0.9	98.1	0.3

注：反应条件为 0.3g 催化剂，25mmol 苄醇，27mL 三氟甲苯；转化率为反应 5h 的苄醇转换率；选择性为反应 5h 的醛选择率；反应速率在苄醇 10% ~ 15% 的转化率条件下计算得到。

图 4 – 13 给出了研究样品的光催化产氢活性结果。1%（质量分数）的 Pt 原位负载到样品表面作为共催化剂。金红石样品表现出相对 Nb₂O₅ 较好的产氢活性，这里的 Nb₂O₅ 产氢活性与之前文献报道的基本一致。对于 NbOₓ/TiO₂ 异质结样品，其产氢速率较纯相载体 TiO₂ 有了很大的提高，且提高程度与 Nb 含量呈现一定的关系。与醇的氧化结果相一致，最高活性都是表现在 Nb/Ti = 0.12。其最高活性达到 1.8mmol/(g·h)，大约是纯金红石 TiO₂[1.0mmol/(g·h)] 的两倍。结合

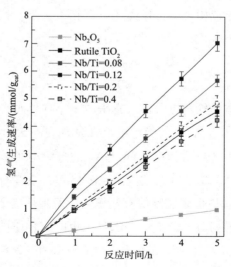

图 4 – 13　Nb₂O₅、金红石 TiO₂ 和 NbOₓ/TiO₂ 异质结在 UV – Vis 条件下的光催化重整水制氢活性结果[1%（质量分数）的 Pt 原位光沉积到样品表面作为共催化剂]

上述两种类型的反应结果，可以得出的异质结化合物在光催化反应中具有很好的效果，虽然具体的促进反应活性路径不尽相同。接下来的章节中将要讨论具体的具体的光生载流子迁移路径。

三、NbO$_x$/TiO$_2$样品对光生载流子分离因素分析

上述 UV – Vis 光谱结果说明了电子由于半导体异质结的存在，在两相半导体之间存在快速迁移的现象，这个也在接下来的其他表征，如 PL、ESR 等结果和光催化响应反应中都得到了验证。但是过多的异质结结点又是光生载流子的复合位点。所以对于半导体异质结的构筑，适量的异质结结点是必要的，从上述讨论过的光催化氧化醇和光催化重整制氢结果可以看出，这里的适合结点的量在 Nb/Ti = 0.12。除了合适的异质结结点数量之外，在构筑异质结的时候，也要考虑其他必要因素。如两个半导体的导价带位置。下面就金红石 TiO$_2$ 和非晶态 Nb$_2$O$_5$ 的导价带位置做一个系统的分析，从而来揭示这里的异质结体系对光生载流子分离起到的调控作用。

对于非晶态的 Nb$_2$O$_5$，它的导带位置（CB）相对于锐钛矿来说至少要低于 0.2eV，一些文献已经对于这个结果做了很详细的报道。但是，对于金红石 TiO$_2$ 和非晶态的 Nb$_2$O$_5$ 的导带相对位置目前还没有相关文献。这里，首先利用理论知识即下面的公式来预测他们的导价带位置：

$$E_{CB} = X - E^e - 0.5E_g \qquad (4-1)$$

$$E_{VB} = E_g - E_{CB} \qquad (4-2)$$

式中，X 是两个半导体的绝对电负性，它来源于半导体每个元素电负性的几何平均值（对于 Nb$_2$O$_5$ 和 TiO$_2$，它们的绝对电负性分别为 5.55 和 5.81）；E_g 是半导体的光学带隙；E^e 是相对于标准氢电极（4.5eV）的自由电子能量。通过上述理论计算，可以得出非晶态 Nb$_2$O$_5$ 的导带位置约 –0.45eV，金红石 TiO$_2$ 的导带位置处于 –0.19eV。虽然这个理论值跟实际值有些偏差，但是从这个结果可以得出，这里的 Nb$_2$O$_5$ 样品导带位置相对于金红石 TiO$_2$ 是偏负的；相应的价带位置，也可以得出，Nb$_2$O$_5$ 的价带位置（2.75eV）是低于金红石 TiO$_2$ 的（2.81eV）。从上述的导价带理论值可以看出，两个半导体的导价带位置是存在着电势差的，这也保证了生成的光生载流子可以在两相半导体之间定向迁移。图 4 – 14 给出了两相半导体的导价带相对位置以及光生载流子在两相之间的定向迁移方向。

从图 4 - 14 可以清晰地看出，光生电子和光生空穴分别是从 Nb_2O_5 迁移到 TiO_2 的导带上面（CB）和 TiO_2 的价带迁移到 Nb_2O_5 的价带位置。同时，过多的载流子也可以在异相表面复合，比如从 TiO_2 价带迁移到 Nb_2O_5 过多的空穴，这些空穴也是 Nb_2O_5 上面的光生电子复合位点。

理论计算只能从一个侧面说明他们的相对位置。这里为了得到更精确的两相导价带位置，接着也根据电化学的方法来测量两者的平带电势。

图 4 - 15 给出了金红石 TiO_2，非晶态 Nb_2O_5 和 NbO_x/TiO_2 异质结（Nb/Ti = 0.12）的 Mott - Schottky 谱图结果。从图中可以看出，对于 TiO_2 和 Nb_2O_5 它们的斜率都为正值，说明都属于 n 半导体；谱图的切线与偏电压（x 轴）相交的值为半导体导带的相对位置。从图中可以看出，非晶态 Nb_2O_5 与偏电压相交的点位于金红石 TiO_2 的左边，说明两者的导带相对位置是前者相对于后者更负。这也符合了上述讨论的结果。另一方面，从 Mott - Schottky 谱图中，曲线的斜率大小从一个侧面可以说明载流子的迁移速率，即斜率越小，载流子的迁移速率越快。从上述谱图可以看出，Nb/Ti = 0.12 化合物的载流子迁移速率要大于纯相半导体。

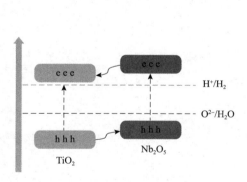

图 4 - 14　NbO_x/TiO_2 异质结结构两相半导体的导价带相对位置以及光生载流子在两相之间的迁移方向

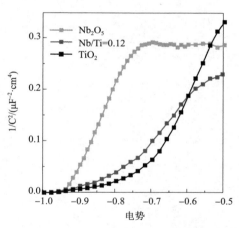

图 4 - 15　TiO_2、Nb_2O_5 和 NbO_x/TiO_2 异质结（Nb/Ti = 0.12）的 Mott - Schottky 结果（测试溶液为 0.5M 的 Na_2SO_4）

当制备的异质结结构应用到具体的光催化反应中时，比如光解水制氢（一个光催化还原质子成氢气的过程），从上述的结果可以给出，Nb_2O_5 光生电子可以在费米能级差的推动下迁移到 TiO_2 表面，从而使得后者表面富集了大量的电子，这些电子先是还原 H_2PtCl_6 为金属 Pt，这些金属 Pt 位点接着就还原质子成为氢气；当异质结结构应用到光催化氧化反应中时，TiO_2 生成的空穴在两相价带电势差作用下迁移到小晶粒 Nb_2O_5 上面，约 3nm 左右的 Nb_2O_5 此时就成为光催化反应的氧化位点。所以，在构筑的异质结结构两相的具体作用是发生具体的反应：一相是还原位点另一相则是对应的氧化位点。

综上，这里首次利用强酸溶液缓慢控制前驱体的水解，提供均匀分布的前驱体吸附位点得到了约 3nm 的 Nb_2O_5 负载到金红石 TiO_2 纳米颗粒表面，制备出了两相紧密结合的 NbO_x/TiO_2 异质结化合物。该异质结化合物由于 Nb_2O_5 的导价带位置都处于载体 TiO_2 的下面，所以根据费米能级差（导价带位置的电势差）可以有效地控制光生载流子在两相之间的迁移从而抑制了载流子的复合。这里提供的异质结构筑方法可以推广到其他半导体体系。另一方面，原位负载超细氧化物颗粒到载体上面也给提供了一个新的负载氧化物借鉴方法。

第五章 Au/TiO₂可控合成策略及其可见光响应

第五章 Au/TiO_2可控合成策略及其可见光响应

第一节 引 言

随着人们生活水平的提高，能源消耗和随之带来的环境问题成为日益严峻亟待解决的问题之一。据统计，2008年全球的能源消耗已经达到了15TW，到2050年，这个数值可能要翻一番。另一方面，传统的能源结构如煤、石油和天然气等是有限和不可再生的。所以发展可再生同时又对环境不带来环境污染的新兴能源是科学家们当今研究关注的热点之一。太阳能由于其是可再生、取之不尽等优点的清洁能源而成为科学家们目前关注的突破口。目前把太阳能转化成化学能，研究较多的有太阳能电池和光催化两个方面，前者是通过太阳能先转化成化学能之后再以电能的形式输出，而后者是直接把太阳能转化成化学能。光催化中的水分解制备氢气、甲醇和甲烷等资源由于其潜在的环境友好、能量利用率大等优点而成为目前研究的重点方向之一。

自从1972年，日本科学家Honda和Fujishima首次发现通过光电电池模式，利用廉价易得无毒无污染的TiO_2光电分解水以来，水光催化分解目前在近30年的研究以来已经取得了很好的发展亦取得了较好的成果。光催化分解水一般需要三个步骤：①半导体吸收入射光的能量激发产生光生电子—空穴对；②激发产生的光生载流子迁移到半导体表面；③迁移到表面的光生电子和空穴分别还原质子产生氢气和氧化水成氧气。光催化裂解水的总体效率取决于上述三个过程中热力学和动力学的平衡过程。但是，值得一提的是，上述三个过程的第一步的优劣直接决定了整个光催化过程的光转换效率，也就是说半导体对入射光的吸收可以说是取决光裂解水效率高低的首要因素。对于传统的半导体如TiO_2、ZnO等只能利用仅占整个太阳光谱的5%左右的紫外光，所以被称之为第一代半导体。针对第一代半导体的本征缺点，科学家们发展了系列拓展吸收光谱致可见光范畴方法：比如离子掺杂，结合窄带隙半导体，染料敏化和金属等离子共振效应等。在上述的几种策略中，金属等离子体共振效应由于其具有较好的可见光利用和转化能力而被研究者们广泛研究。

等离子体共振效应（SPR）是基于金属大量的自由电子在一定频率的入射光照射条件下，满足一定量的自由电子共振频率与入射光的频率相一致这个条件，这些自由电子就可以共振摆脱原子核对它们的吸引成为光生电子，这个电子可以迁移至与它接触的其他媒介——这里一般为半导体，来参与化学反应。SPR效应目前涉及的金属有 Au、Ag、Pt 和 Cu。它们能吸收的可见光范围因形貌、尺寸等因素而不尽相同。对于贵金属金（Au），对于纳米颗粒的吸收波段一般处于 550nm 左右，考虑到可见光的吸收和价格等因素，Au 的 SPR 效应研究要多于其他金属；另一方面，其可见光吸收效率是与颗粒的粒径大小呈正相关的。Au 纳米颗粒粒径大小的获得直接受到合成策略的影响。如何有效调控 Au 纳米颗粒的粒径大小，颗粒大小对于可见光范围吸收的影响是否显著，颗粒大小与可见光水分解制氢能力的关系等方面目前还没有详细的研究结果。

这里根据上章节 TiO_2 的表面缺陷位点信息为出发点，首次利用表面缺陷位点的浓度关系调控负载 Au 的纳米颗粒粒径大小。利用得到的 Au/TiO_2 纳米材料进行可见光水分解反应，预期得到了很好的效果。另一方面，对于 Au/TiO_2 体系，由于 Au 和载体 TiO_2 分别利用太阳光谱中的可见和紫外光部分，那么在 UV – Vis 全光谱条件下，Au/TiO_2 是否能起到 1 + 1 > 2 的协同效应呢？本章节也将对于这个目前没有报道的问题给出系统的实验结果。

第二节 催化剂制备

以下所有用到的化学试剂都是购自 Alfa Aesar 化学试剂公司并没有经过任何提纯等步骤处理。

具有不同表面缺陷位点浓度的载体锐钛矿 TiO_2 制备详见第三章第一节部分。

Au 颗粒的可控负载步骤如下：0.5g 的载体 TiO_2 置于 120mL 的去离子水中，接着加入 10mL 的甲醇，混合物放入圆底烧瓶搅拌约 10min。一定量的 $HAuCl_4$ 加入上述混合液，0.01M 的 HCl 和 NaOH 调节混合液的 pH 致 10.5 ± 0.2。之后，通入 Ar。大约 15min，打开 250W 高压汞灯（主波长在 365nm）照射 6h。离心，80℃烘干，备用。

对于不同表面缺陷浓度制备的 Au/TiO₂ 样品这里命名为：Au/TiO₂ – 400、Au/TiO₂ – 500、Au/TiO₂ – 600 和 Au/TiO₂ – 700。

催化剂的详细表征步骤和具体的光催化重整水制氢等试验详见第二章实验部分。

第三节　结果与讨论

一、Au/TiO₂理化性质表征

图 5 – 1 给出了所制备 Au/TiO₂ 系列样品的物相表征结果。从上图的 XRD 部分可以看出，对于载体 TiO₂ 的衍射峰都是典型的锐钛矿相（PDF：21 – 1272）；且峰的强度和尖锐程度随着煅烧温度的升高而增强。通过谢乐公式，根据锐钛矿 TiO₂ 的主峰（101）半高宽等信息估算出了四种载体 TiO₂ 的粒径大小：12.9nm、14.1nm、19.8nm 和 26.7nm 分别对应于 Au/TiO₂ – 400，Au/TiO₂ – 500，

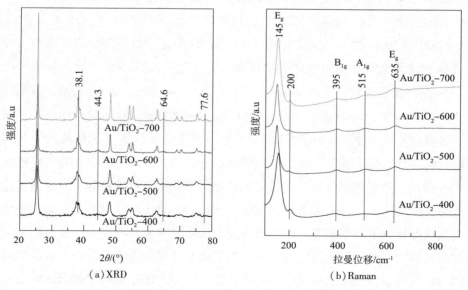

图 5 – 1　Au/TiO₂ 的 XRD 和 Raman 结果

Au/TiO$_2$ – 600 和 Au/TiO$_2$ – 700 样品。在上图的 XRD 结果，除了 TiO$_2$ 的主要衍射峰外，分别位于 $2\theta = 44.3°$、$64.6°$ 和 $77.6°$ 三种比较弱的衍射峰可以观测出来，这是典型的面心立方结构（FCC）金属 Au 的衍射峰（PDF：65 – 2870）。对于四种样品，对应 Au 的衍射峰强度基本保持一致且很弱，这是由于 Au 含量很低的原因。对于 FCC 金属 Au，$2\theta = 38.1°$ 的衍射峰被载体 TiO$_2$ 的宽峰所掩盖，所以这里较难辨别该峰。

图 5 – 1 右图给出了所研究的四种样品的 Raman 结果。对于这四种样品，分别位于 E$_g$（145cm^{-1}），E$_g$（200cm^{-1}），B$_{1g}$（395cm^{-1}），A$_{1g}$（515cm^{-1}）和 E$_g$（635cm^{-1}）五个振动峰很容易被观察出来，这是属于四方空间结构 I41/amd 锐钛矿 TiO$_2$ 典型的五种 Raman 振动峰。并未观察出属于 Au 的表面 Raman 振动，这是由于 Au 低含量的原因所致。但是，另一个方面，对于 E$_g$ 振动模式，大约 10cm^{-1} 的 Raman 位移不难被观察出来，这可能是由于 Au 的负载，影响了表面 O – Ti – O 的伸缩振动模式。值得一提的是，对于四种载体 TiO$_2$ 的五种 Raman 振动峰的各个峰强度比并未发生明显的改变（相应结果这里没有给出），这跟第三章报道的 Raman 结果相一致。

所研究样品的形貌特征和 Au 的粒径大小通过透射电子显微镜（TEM）来观察。图 5 – 2 给出了所研究的四种样品的 TEM 结果。首先，对于载体 TiO$_2$，不难发现它们的粒径大小是随着煅烧温度的升高而增大的，12.3 ~25.4nm 对应于 TiO$_2$ – 400 和 TiO$_2$ – 700，这跟上述的 XRD 结果是相一致的。从 TEM 图中可以发现，Au 纳米颗粒都是均匀地分布在载体 TiO$_2$ 上面。从图 5 – 2 下面的结果可以看出，Au 的纳米颗粒粒径是从 9.4nm、7.5nm、5.3nm 和 3.1nm 变化的，分别对应于 Au/TiO$_2$ – 400、Au/TiO$_2$ – 500、Au/TiO$_2$ – 600 和 Au/TiO$_2$ – 700 样品。也就是说，在目前的研究体系，Au 的纳米颗粒粒径大小是与载体 TiO$_2$ 颗粒大小呈现相反趋势的。对于这个现象，在这里简要地分析一下它的原因。Au 纳米颗粒负载到 TiO$_2$ 表面，则载体表面性质是决定负载金属形貌特征的主要因素。根据上述第三章锐钛矿 TiO$_2$ 在不同温度条件下煅烧所获得的正电子湮灭结果，TiO$_2$ 的表面缺陷位点浓度相对于体相缺陷浓度是随着煅烧温度的增加而增加的。载体的表面缺陷位点是其他元素异相成核位点。这个结果跟上章节报道的具有一定表面缺陷浓度的 TiO$_2$，控制负载小粒径的 Nb$_2$O$_5$ 原理是一致的，即都是利用表面缺陷位点来控制负载物的粒径大小，表面缺陷位点多对所要负载物的吸附位点就多，所以就能控制负载物的小粒径。这里也不难理解，这里调控载体 TiO$_2$ 的表面缺陷位点浓度，间接地调控负载 Au 纳米颗粒的粒径大小。具体的过程将在下面的讨论利用电子顺磁共振表征手段来说明。

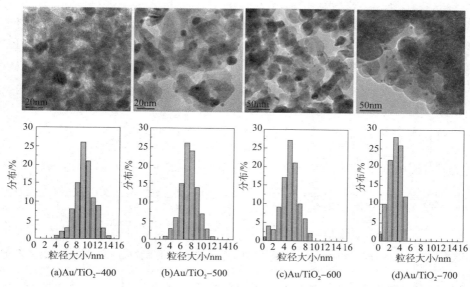

图 5-2　Au/TiO$_2$ 的 TEM 结果和相应的 Au 粒径分布

图 5-3 给出了所要研究的 Au/TiO$_2$ 样品 UV-Vis 吸收光谱结果。对于这里的 UV-Vis 可见光谱，一是能给出载体的光学吸收性质，对应于半导体的带隙；二是可以给出负载的 Au 一些光学性质，如等离子体共振峰位置和强度。从图 5-3 的左图结果，可以看出，对于载体锐钛矿 TiO$_2$ 很明显它的光学吸收边缘位于约 380nm 左右，对应于锐钛矿型 TiO$_2$ 的光学带隙 3.2eV，这与上章节的 UV-Vis 结果相一致。且另一方面，从 TiO$_2$-400 到 TiO$_2$-700 的 UV-Vis 强度是降低的，这也符合上章节给出的结果。这说明负载上 Au 纳米颗粒之后，并未改变 TiO$_2$ 的本征吸收也没有改变载体对入射紫外光部分的俘获能力。对于 Au 的等离子体共振峰部分，可以看出 SPR 的峰中心位于约 540nm 左右。Au 的 SPR 吸收来源于位于 Au 充满的 5d 轨道电子在入射光的条件下达到共振跃迁到位于费米能级上面的未充满 6s/6d 轨道。跃迁到高能级的电子具有足够的能量穿过 Au 与 TiO$_2$ 的势垒面（Schottky 势垒）迁移到 TiO$_2$ 的导带（CB）。从四个样品的 SPR 峰位置都为 550nm 可以得到，Au 的粒径在 3~10nm 之间时，它们对应的 SPR 位置是

没有发生明显变化的。另一方面，给出了 SPR 的峰强度变化。如图 5 – 3（b）所示，SPR 峰的归一化强度是随着 Au 的纳米颗粒粒径的增大而增强，与文献报道的相一致。

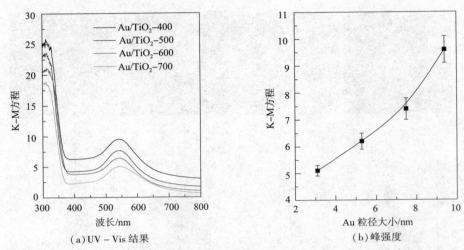

（a）UV – Vis 结果　　　　　　　　　（b）峰强度

图 5 – 3　Au/TiO₂样品的 UV – Vis 结果和相应的位于 LSPR 振动位置（$\lambda = 550$nm）的峰强度

　　接下来对所研究 Au/TiO₂样品的表面信息进行表面分析。XPS 是一种很灵敏的表面技术。图 5 – 4 给出了 Au/TiO₂样品中的 Au 4f、Ti 2p 和 O 1s 以及载体 TiO₂ 中的 Ti 2p 和 O 1s 的 XPS 结果。对于 Ti 2p 结果，对于四个 Au/TiO₂样品，两个结合能分别位于458.3eV 和464.1eV，这属于 TiO₂中 Ti⁴⁺的 $2p_{3/2}$ 和 $2p_{1/2}$ 结合能能量。相同的 Ti⁴⁺结合能说明四种载体的 TiO₂表面 Ti 元素没有发生明显的变化。对于 Au 4f 部分，文献报道分别处于 $86.5 \sim 86.7$eV 和 $82.8 \sim 83.0$eV 区间是属于金属态的 Au $4f_{7/2}$ 和 $4f_{5/2}$ 结合能，这个信息说明通过光催化还原的方法制备的 Au 全部是呈现零价态的。但是，值得关注的是，Au 的两个 4f 结合能是随着 TiO₂ – 400 到 TiO₂ – 700 向高能量方向移动的，高达 0.2eV 的结合能变化值。向高能量方向移动说明通过光沉积方法负载的 Au 与载体 TiO₂的表面结合程度变强。考虑到前面 Au 的粒径大小结果，这里可以得出，Au 的粒径越小其与载体 TiO₂的结合程度越强。

　　接下来讨论一下 TiO₂负载前后的 O 1s 的 XPS 结果。从图 5 – 4 中可以单纯 TiO₂的 O 1s，其存在三个主要的结合能形式。这三个结合能位置在上一章节中已经讨论过。即 529.6eV 应归属于晶格中 O—Ti⁴⁺结合的 O 1s 结合能；531.6eV 的

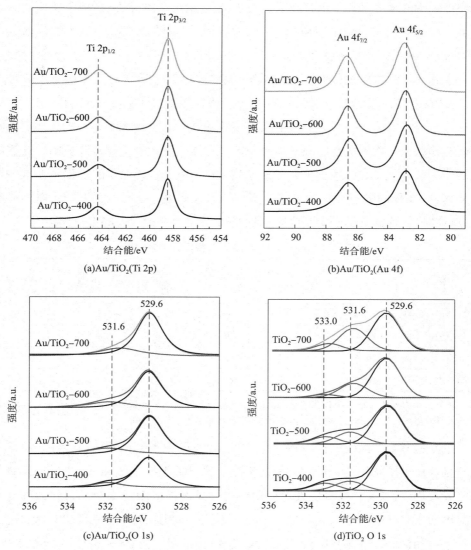

图 5-4　Au/TiO₂ 和 TiO₂ 样品的 Au 4f、Ti 2p 和 O 1s 结果

结合能归属于 TiO₂ 表面缺陷位点吸附的羟基中 O 1s 结合能；而位于 533eV 的位置则是 TiO₂ 表面物理吸附的水分子中 O 1s 结合能。根据上一章节的 O 1s 结果的定量分析，能反应 TiO₂ 表面缺陷态的表面羟基的量是随着煅烧温度的升高而升高的。在图 5-4 中和表 5-1 中也给出了定量的表面羟基含量。但是，对于负载 Au 之后的表面羟基量，从图中可以直观地看出，相比于负载前是明显减少的。

且物理吸附的水分子几乎不存在了。表5－1也给出了负载Au后的TiO$_2$表面羟基的量。在表5－1中给出了负载Au前后的表面羟基量的差值Δ，这个差值Δ与得到的Au的粒径大小是紧密相关的。也就说Δ的值是与Au的粒径大小呈反相关的。在光沉积的具体过程中，Au的前驱体通过与TiO$_2$表面的羟基进行了某种反应，一方面消耗了大量的羟基另一方面Au的粒径大小得到了调控。基于上述讨论和上章节的负载Nb$_2$O$_5$结果，下面可以推论出Au粒径大小调控的原因：TiO$_2$表面羟基的量随着煅烧温度的升高而变多，且TiO$_2$的比表面积是降低的，这说明了在TiO$_2$表面上单位比表面的羟基量是增加的；在Au光沉积的过程中，这些羟基是Au前驱体的吸附位点。单位比表面的羟基数量多，一定量的Au前驱体吸附位点就多，这样Au就得到了很好的分散，从而保证了Au的小粒径。

表5－1 Au/TiO$_2$样品的一些物理化学性质

样品	大小/nm		Au(质量分数)/%	比表面积/(m^2/g)	—OH含量/%		
	TiO$_2$	Au			光沉积之前	光沉积之后	光沉积前后差
Au/TiO$_2$－400	16.6	9.4	3.94	121.6	30.5	17.1	13.4
Au/TiO$_2$－500	19.4	7.5	3.97	69.4	36.6	18.8	17.8
Au/TiO$_2$－600	26.8	5.3	3.92	43.3	42.3	17.6	24.7
Au/TiO$_2$－700	36.5	3.1	3.95	20.9	49.3	16.2	33.1

注：大小为通过TEM电镜计算的平均值；Au质量分数通过ICP测量得到；—OH含量通过O 1s XPS峰计算得到；光沉积前后差根据光沉积前后—OH含量的差值计算得到。

下面通过电子顺磁共振(ESR)来说明Au粒径大小的调控成因。ESR技术是检测具有单电子基团的一种很有效的手段。这里首先把TiO$_2$和Au/TiO$_2$样品置于真空管式炉中，200℃高真空处理以便除去样品表面吸附的水分子，然后降至室温时再通入氧气吸附15min。整个处理过程都是在黑暗条件下进行的，这保证了氧气吸附到样品表面的缺陷位点只能生成O$^-$自由基。在100K条件下检测的ESR信号如图5－5所示。

从图5－5的结果可以看出，对于四个TiO$_2$样品都表现出比较明显的顺磁信号，分别位于$g=2.00$和$g=2.03$，这是典型的O$_2$吸附到缺陷位点而生成的O$^-$信号。这也跟上章节Nb$_2$O$_5$/TiO$_2$的ESR信号结果相一致。另一方面，没有经过氧气处理的样品几乎没有ESR信号，这也说明ESR信号时来自O$^-$自由基。把得到的ESR信号根据单位比表面积进行了归一化，即上图的强度是单位比表面积的 O⁻ 信号强度。从上图的结果不难发现，从 TiO₂ – 400 到 TiO₂ – 700 其 O⁻ 自由基的强度是增加的，间接说明 TiO₂ 表面缺陷位点浓度是增加的。这跟上述 XPS 说明表面羟基数量增加结果是一致的。这里有必要说明，表面羟基来源于水吸附到缺陷位点。当在真空 200℃ 处理时，表面羟基会随水分子的脱附而再次暴露出表面缺陷位点。但是，Au/TiO₂ 样品的 ESR 信号相比于纯载体 TiO₂ 表现出比较明显的结果，即前者信号强度变得很弱。这里的结果说明负载 Au 后，样品表面可以吸附氧气成为 O⁻ 自由基的缺陷位点数量变少。变少唯一的

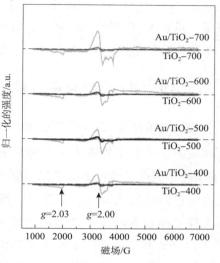

图 5 – 5　TiO₂ 和 Au/TiO₂ 样品的 ESR 信号（样品在 473K 条件下真空处理之后 O₂ 处理）

原因是 Au 异相成核在了这些位点上面。另一个方面，在具体的光生载流子的迁移过程中，光生载流子常被吸附到缺陷位点处，而这些缺陷位点也是吸附 Au 前驱体的位置。所以不难理解，这里的利用 TiO₂ 表面缺陷位点的浓度来调控负载 Au 纳米颗粒粒径大小的成因。表面缺陷位点多，定量的 Au 前驱体可以吸附的位点就多，这保证了 Au 的有效分散，也保证了负载 Au 均匀粒径大小。

　　另一方面，从图 5 – 2 的 TEM 结果和对应的粒径分布图也不难发现，即 TiO₂ – 400 负载的 Au 的纳米颗粒粒径分布要宽（有大有小），而随着煅烧温度的升高，Au 的粒径大小分布逐渐变窄的。考虑到上述 ESR 和 XPS 的结果，这里也给出科学的解释。对于 TiO₂ – 400，其表面缺陷位点要少，在 Au 前驱体光沉积的起始阶段，Au 的吸附位点少；在这些位点上吸附较多的 Au 前驱体从而异相成核，Au 纳米颗粒慢慢变大。但是当 Au 颗粒大小到一定程度的时候，TiO₂ 导带上的光生电子再迁移至大颗粒 Au 的表面时，由于 Au 产生较弱的 SPR 效应，Au 表面也会累积一些光生电子，所以在两个光生电子的共同作用下，TiO₂ 表面的自由光电子转移到其他位点还原有限的 Au 前驱体生成较小粒径的 Au 纳米颗粒，从而得到了较宽的 Au 粒径分布。

　　上文详细讨论了 Au 在具有一定缺陷浓度 TiO₂ 表面的成核机理。表 5 – 1 给出

了所研究 Au/TiO$_2$ 的一些物理化学性质，比如载体 TiO$_2$ 的单位比表面积，Au 的负载量，负载 Au 前后的表面羟基数量和 Au 的粒径大小等。下面就把制备的 Au/TiO$_2$ 样品应用到光催化产氢反应中，来验证样品的可见光响应能力和其他效应。

二、Au/TiO$_2$ 光催化响应能力

首先给出了制备 Au/TiO$_2$ 样品的可见光（400~780nm）制氢活性。图 5-6 给出了相应的结果。纯载体 TiO$_2$ 在可见光波段并没有产氢活性（表 5-2），说明 Au/TiO$_2$ 样品的产氢活性来源于纳米颗粒 Au。从产氢结果可以看出，Au/TiO$_2$ 样品具有一定的可见光响应产氢能力，最高能达到每小时 10μmol/g 左右的氢气，且四个样品都表现出线性增加的趋势和一定的规律性：即从 Au/TiO$_2$ - 400 到 Au/TiO$_2$ - 700 其可见光产氢能力是逐渐降低的。考虑到四个样品的 Au 粒径大小，这里初步认为，Au 的等离子共振效应是与其粒径大小呈正相关的。联合上面讨论的 UV - Vis 结果，是不是 Au 的 SPR 强度与可见光产氢能力有一定的关系呢？下面将从这个角度验证一下上述的猜想。

表 5-2　光催化重整制氢在不同条件下的产氢速率

样品	氢气产生速率/[μmol/(h·g)]			
	UV(320~400nm)	Vis(400~780nm)	UV - Vis(320~780nm)	Δ
TiO$_2$ - 400	103.1	0	82.5	-20.6
Au/TiO$_2$ - 400	12846.5	12.6	17952.2	5093.1
Ratio - 400	124.6	/	217.6	/
TiO$_2$ - 500	87.0	0	69.7	-17.3
Au/TiO$_2$ - 500	10726.6	9.1	14658.2	3922.5
Ratio - 500	123.3	/	210.3	/
TiO$_2$ - 600	70.2	0	59.1	-11.1
Au/TiO$_2$ - 600	9917.6	6.7	12192.3	2268.0
Ratio - 600	141.3	/	206.3	/
TiO$_2$ - 700	71.9	0	64.5	-7.4
Au/TiO$_2$ - 700	5732.4	3.8	5589.9	-146.3
Ratio - 700	79.7	/	86.6	/

注：Ratio 表示 Au/TiO$_2$ 相对于 TiO$_2$；Δ = 速率$_{UV-Vis}$ - 速率$_{UV}$ - 速率$_{Vis}$。

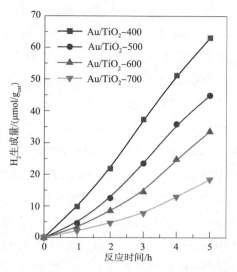

图 5-6　Au/TiO₂样品在可见光(400~780nm)的光催化制氢结果

首先验证了 TiO₂ 在不同条件下的产氢结果。图 5-7 给出了相应的结果。从上图可以看出，四个载体 TiO₂ 在 UV(320~400nm)条件下的活性要优于在全光谱条件(320~780nm)。这个现象的成因如下：对于锐钛矿 TiO₂，其带隙宽度是 3.2eV 只能吸收低于 380nm 的入射光子能量；当入射光子波长处于 320~400nm 区间时，大多数入射光子到达 TiO₂ 表面都能被吸收；而用全光谱的入射光(320~780nm)来照射 TiO₂ 表面时，一部分大于 400nm 的光子也同样到达 TiO₂ 表面，减少了低于 380nm 的入射光子与 TiO₂ 的接触，从而减少了 TiO₂ 的光生载流子的生成数量。

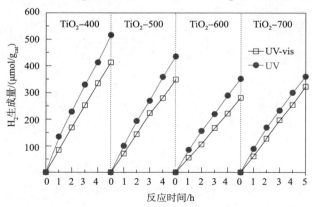

图 5-7　TiO₂样品在不同波长 UV(320~400nm)和 UV-Vis(320~780nm)条件下的产氢

当负载一定量的 Au 纳米颗粒到这四个 TiO_2 表面，从 5 - 8 图中不难看出，在两种光谱条件下激发样品，产氢活性较纯 TiO_2 要提高约 100 倍。这说明 Au 的负载是提高光催化产氢能力的关键因素。从上述 Au/TiO_2 样品的结构表征结果知道，四种样品的 Au 纳米颗粒都是存在小粒径的(3nm 左右)，这些小纳米的 Au 颗粒可以作为光生电子的接收位点而成为质子的光催化还原中心(这一点将在下面的内容中来讨论)。另一个方面，图 5 - 8 中显示 Au/TiO_2 样品在 UV - Vis 条件下(320 ~ 780nm)的活性要高于在 UV(320 ~ 400nm)的活性。

接着给出了四个载体 TiO_2 和对应的 Au/TiO_2 在三个研究的波段条件下(UV：320 ~ 400nm；Vis：400 ~ 780nm 和 UV - Vis：320 ~ 780nm)产氢数据。表 5 - 2 给出了产氢速率的具体数值。从表中可以直观地看出，对于载体 TiO_2 在可见光条件下的活性都是 0；对于负载 Au 后的样品，可见光产氢数值之前的图 5 - 6 已有描述。在 UV 条件下，Au/TiO_2 样品的产氢速率至少要大于纯 TiO_2 80 倍；但是在全光谱条件下，这种差值提高到最小 86 倍。表 5 - 2 也列出了在三种条件下的产氢产值 Δ(Δ = 速率$_{UV - Vis}$ - 速率$_{UV}$ - 速率$_{Vis}$)，这个差值最高达到了 5000。这个差值无疑是跟负载的 Au 直接的关系，下面就关联了三种光照条件下的产氢差值与 Au 的等离子体共振强度的关系，来验证上面提到的猜想。图 5 - 9 给出了产氢产值 Δ 与四个 Au 的等离子体共振峰强度的关系。从图中可以很明显地看出，Δ 与 Au 的 SPR 强度基本呈现相同趋势。

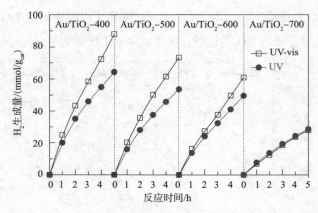

图 5 - 8 Au/TiO_2 样品在不同波长 UV(320 ~ 400nm)
和 UV - Vis(320 ~ 780nm)条件下的产氢

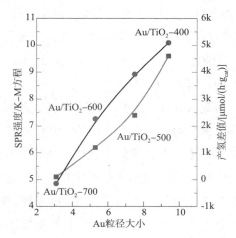

图 5 - 9　Au 的 SPR 强度与 Au/TiO₂ 样品在不同条件下 UV(320～400nm)
和 UV - Vis(320～780nm)产氢差值的关系结果

另一个方面，对于 Au/TiO₂ 样品在全光谱条件下的产氢能力要强于在其他条件下的本质原因，下面本章节将引入协同效应这个概念来解释上述现象。协同效应，目前在异相催化领域已经得到了广大科学工作者的关注和有效应用。协同效应，顾名思义两种或两种以上的活性位点共同作用来提高获得想要的高化学能利用效率。在此时的 Au/TiO₂ 体系的协同效应，只能是 Au 和 TiO₂ 两个物种之间的共同作用。下面将讨论一下两者协同效应的具体过程。根据上面 Au/TiO₂ 的结构物化结果，Au 的粒径大小分布是从 TiO₂ - 400 到 TiO₂ - 700 逐渐变小变窄的，对于 Au/TiO₂ - 400 而言，即具有大粒径(10nm 左右)的 Au，也具有小粒径(3nm 左右)的颗粒；而 Au/TiO₂ - 700 则只有约 3nm 左右的 Au 纳米颗粒。根据文献报道，小粒径的 Au 因为具有很弱的等离子共振效应而只能作为电子的接收体而不能作为 SPR 电子产生源；而大粒径的 Au 由于其具有很多自由载流子所以可以响应一定波长的入射光来作为 SPR 电子产生源。根据上述的 UV - Vis 光谱结果，小粒径的 Au(即 Au/TiO₂ - 700 样品)SPR 强度很低，而具有大粒径的 Au(如 Au/TiO₂ - 400 样品)样品的 SPR 峰较高。当在全光谱条件下照射样品时，大粒径的 Au 在约 550nm 的入射光子激发时，由于 Au 具有大量自有载流子而可以产生共振，这些共振的电子数量较多，就可以越过 Au/TiO₂ 界面的肖特基势垒而迁移到 TiO₂ 的导带位置(CB)；同时，TiO₂ 在小于 380nm 入射光的照射下产生光生电子跃迁到 CB 上面，上述两个过程共同产生的光生电子共同在 TiO₂ 的导带上面在

TiO_2 和 Au 的费米能级差条件下迁移至 TiO_2 表面上的小粒径 Au 来参与还原质子反应。对于 $Au/TiO_2 - 700$ 样品，Au 的粒径较小，通过 SPR 作用产生光电子无法越过 Au/TiO_2 能垒，所以只能作为电子的接受体来成为化学反应位点。这就解释了上述在不同光照条件下的产氢差的原因。

图 5 - 10 给出了所研究 Au/TiO_2 体系的协同效应示意图。从图中可以直观地看出电子的产生和迁移情况。另一方面，Au 通过 SPR 效应产生光生电子的同时也产生了具有氧化能力的光生空穴，类似于载体 TiO_2 空穴的作用，这个空穴具有一定的氧化能力。上面已经讨论了协同效应产生光生电子还原质子的情况，下面将要利用俘获自由基的办法，通过检测液体荧光的来定性考察一下的 Au/TiO_2 体系在可见光条件下光响应氧化方面的能力。液体荧光技术是利用液体中的羟基 (OH) 很容易俘获光生电子和空穴而生成羟基自由基 ($\cdot OH$)。这个自由基很容易与对苯二甲酸反应生成具有荧光发生能力的邻羟基对苯二甲酸，通过发射出来的荧光信号来间接说明光生载流子的分离。

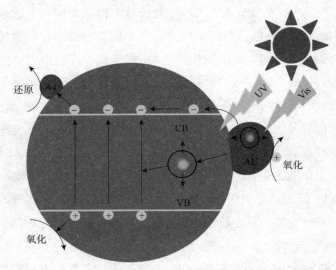

图 5 - 10　Au/TiO_2 体系 Au 和 TiO_2 协同效应示意图

三、Au/TiO_2 协同效应在自由基中的体现

液体荧光来检测自由基是目前光催化领域发展的一种有效手段之一。机理如上述所述，利用对苯二甲酸俘获羟基自由基生成邻羟基对苯二甲酸 ($\cdot OH +$

terephthalic acid →2 – hydroxyterephthalic acid）。对于羟基自由基的生成有两个过程，还原过程：$O_2 + e_{cb} + H^+ \rightarrow HOO \rightarrow \cdot OH$ 和对应的氧化过程：$h_{vb} + OH \rightarrow \cdot OH$。文献报道前者还原过程是主要的生成羟基自由基的途径。这里利用检测自由基的手段来验证上述 Au/TiO₂ 的协同效应；另一方面，也用来说明 Au/TiO₂ 体系的可见光氧化能力。为了排除光催化还原过程生成羟基自由基的情况，引入 Fe^{3+} 来消耗光生电子，以便保证氧化过程生成羟基自由基。

首先给出了 Au/TiO₂ 在三种不同波长条件下没加 Fe^{3+} 的荧光信号强度。图 5 – 11 给出了相应的结果。从图中可以看出，Au/TiO₂ 四个样品在不同波长条件下的自由基强度是与光催化产氢趋势是一致的，都是从 TiO₂ – 400 到 TiO₂ – 700 逐渐降低，这说明在光催化还原过程和光催化氧化过程的总效应与单一的还原过程的趋势是一样的。同时这里也合成出了 10nm 左右的 Au 胶体，考察单一的 Au 在等离子体共振效应条件下是否有荧光信号产生，从图中的结果可以看出，在可见光条件下，有微弱的羟基自由基的信号。

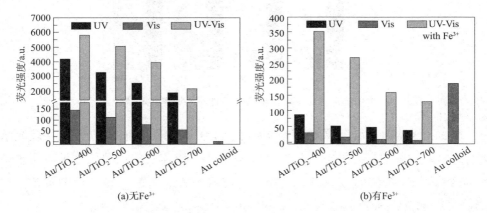

(a)无Fe³⁺　　　　　　　　(b)有Fe³⁺

图 5 – 11　Au/TiO₂ 体系在有无 Fe^{3+} 离子和不同波长条件下自由基强度结果

接着，加入 Fe^{3+} 离子来排除光催化还原过程对羟基自由基产生的贡献。图 5 – 11 给出了相应荧光结果。从图中可以看出，加入 Fe^{3+} 后在单一的 UV 或 Vis 条件下，荧光强度都相对于未加 Fe^{3+} 时大大降低。但是在全光谱（UV – Vis）条件下的强度与紫外和可见光条件之和的差值要大于未加 Fe^{3+} 时候的差值。这说明在光催化还原和氧化两个过程产生羟基自由基的过程中，还原过程相比于氧化过程是主要的路径。且上述结果也说明了，这里的 Au/TiO₂ 体系对于光催化氧化过程也有明显的协同效应。另一方面，对于单一的 Au 胶体在可见光条件下，加

光催化分解水材料表界面调控与性能提升

入 Fe^{3+} 后的荧光信号明显变强。这说明 Au 胶体在自身的 SPR 效应条件下，产生的光生电子转移给溶液中的 Fe^{3+}，留下的光生空穴则可以氧化羟基自由基。为了进一步说明还原过程在羟基自由基的生成过程中起主要作用，给出了还原过程与氧化过程的比值。图 5-12 展示了 Reductive/Oxidative 比值针对不同催化剂在不同光照条件下的关系图。从图中可以看出，Reductive/Oxidative 比值都是大于 1 的，在单一的 UV 条件下，这个比值高达 45~55。这个结果直接说明了光电子的还原过程是产生羟基自由基的主要过程。

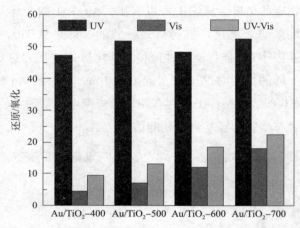

图 5-12　Au/TiO_2 样品自由基在不同波长条件下还原路径和氧化路径比率结果

图 5-13 给出了所合成出的胶体 Au 的 TEM 结果和相应的有/无 Fe^{3+} 荧光结果。这里的结果是与上图 5-11 中的具体值。Au 胶体的实验数值这里也用来说明 Au 纳米颗粒具体的 SPR 效应光电子的迁移过程。从加入 Fe^{3+} 后的荧光数据（图 5-11 和 5-13），可以得出 Au 的 SPR 产生的电子可以传到其他媒介。对于半导体 TiO_2，其成为目前研究较多的半导体之一的一个重要原因是它合适的导价带位置，这方便了电子的输入和输出。相对于 Fe^{3+}，TiO_2 也是好的电子接收体。所以对于此时的 Au/TiO_2 体系，大粒径的 Au(Au/TiO_2-400 的 9nm）产生的 SPR 电子可以有效地导入 TiO_2 导带上面，这也验证了上述所提到的协同效应的进行。

综上，在上章节研究 TiO_2 缺陷性质的基础上首次利用载体 TiO_2 表面缺陷位点来调控负载的 Au 纳米颗粒粒径大小。利用 XRD、Raman 等结构表征给出了制备 Au/TiO_2 的体相性质；TEM 和相应的 Au 粒径大小分布直观地说明了 Au 纳米颗粒

78

的大小和粒径分布情况；缺陷位点调控 Au 大小的成因这里利用 XPS 表面技术和
ESR 俘获自由基手段来详细地描述了这个调控过程。接着利用制备出的 Au/TiO$_2$
样品考察了他们在可见光条件下的产氢活性，给出了 SPR 强度和可见光条件下光
响应的具体关联。同时本章节也在异相光催化领域引入两个组分：Au 和载体
TiO$_2$，在全光谱条件下的协同效应。Au 负载到 TiO$_2$ 表面上，不仅能拓展样品对
入射太阳光的吸收范畴，也大大提高了对整个太阳光谱的转化效率。接着，本章
节也考察了协同效应在自由基响应方面的应用，利用苯甲酸作为俘获自由基的基
底，详细考察了自由基在不同波段入射光条件下的产生情况；为了说明光催化氧
化途径生成自由基也具有协同效应，引入 Fe^{3+} 作为光生电子的接收体。同时，这
里也给出了自由基的产生主要是通过光催化还原的过程。通过本章节的讨论，可
以对 Au 颗粒的 SPR 效应与 Au 粒径大小的关联，Au 颗粒的光响应与 SPR 强度的
关联，Au/TiO$_2$ 体系的协同效应以及在自由基方面的拓展应用等方面都有一定的
认识。作者也希望通过本章节的讨论，对未来 Au/TiO$_2$ 领域的研究者们提供些许
借鉴。

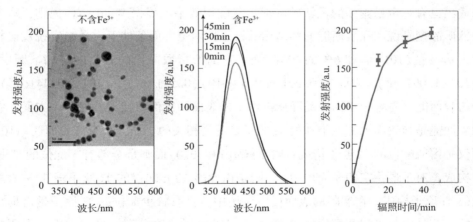

图 5-13　胶体 Au 在可见光条件下的荧光结果和
加入 Fe^{3+} 荧光强度（插入的图片是胶体 Au 的 TEM 结果）

第六章　Au 负载到 TiO₂(001)面合成策略及其可见响应

第一节　引　言

锐钛矿相相比于金红石和板钛矿来说是目前研究较多的 TiO₂ 晶相，其间接光学带隙为 3.2eV。这是因为它很容易通过简单的方法获得纯相：当锐钛矿的粒径小于 11nm 时，其在热力学上是很稳定的；锐钛矿相相比于其他两相在浓碱条件下是很稳定的。在锐钛矿 TiO₂ 的具体应用中，大多都是涉及的表面反应也就是说合成出具有一定暴露面的锐钛矿可影响其应用效果。根据 Wulff 结构规则，对于锐钛矿晶型来说，在表面能的和结构的稳定性两个方面条件下，最稳定锐钛矿相约占 94%的(101)面和 6%的(001)面。它的低指数晶面的表面能有如下顺序：(110)(1.09J/m²) > (001)(0.90J/m²) > (010)(0.53J/m²) > (101)(0.44J/m²)。低的表面能优先生长从而该晶面所占整个外表面的比例就越大。另一个方面，它的表面能是与表面未配位饱和的 Ti 原子是精密相关的。如，具有高表面能(110)面仅是由四配位的 Ti 原子构成；对于(001)和(010)面则是全部有 5 配位的 Ti 原子构成；对于最稳定的晶面(101)，则是由 50%的五配位的 Ti 原子核 50%六配位的 Ti 原子构成。在实际的表面反应应用中，具有较少配位的 Ti 原子是占据优势的，这是由于未饱和配位的 Ti 原子可以吸附反应物分子。另一方面，在所要研究讨论的异相光催化方面，高晶面能的晶面由于具有大量未饱和配位的原子，表面上的原子电子云密度要不同于其他配位饱和的晶面，所以这在一定程度上保证了不同晶面对于不同电荷的光生载流子的吸引力不同。

光生载流子的分离是制约具体的光催化应用的一个瓶颈因素。目前，利用不同晶面对不同电荷的光生载流子吸引力来达到载流子分离的目的已经成为广大光响应科技工作者们研究的热点。对于锐钛矿 TiO₂ 体系来说，具有高晶面能的

（001）面由于具有大量未饱和配位的 Ti 原子，其电子云密度不同于其他晶面所以可以吸附光激发产生带正电的空穴，相应的光生电子则被电子云密度相对低的其他晶面吸引过去，从而达到光生载流子在 TiO$_2$ 不同晶面之间的分离。从这个层面上可以看出，具有不同比例暴露不同晶面的半导体，其不同的晶面可以发生不同的光催化反应，如对于 TiO$_2$ 来说，（001）面和（101）面可以分别发生光催化氧化和还原反应。利用不同晶面对不同光生载流子的吸引可以选择性地控制某些特定金属到特定的晶面，从而提高光电子的吸收利用效率。

通过上章节的讨论，Au 通过表面等离子体共振效应产生的光生电子很容易导入载体 TiO$_2$ 导带上面，这是因为 Au 在光催化还原过程中与载体 TiO$_2$ 发生直接接触的作用。另一方面，的 XPS 表面技术也证实了 Au 与 TiO$_2$ 的结合程度很强（大的 Au 4f 结合能）。也就是说，在利用 Au 的等离子体共振效应的时候，要得到 Au 的光生电子跃迁到载体 TiO$_2$ 上面需要两者存在致密的接触，至少在两者之间没有一定量的障碍物。胶体金的合成方法是得到均一大粒径 Au 的一种简便有效的手段之一。根据上章节的讨论，在 Au/TiO$_2$ 体系利用金属等离子体共振效应来拓展光催化剂对入射光的光谱范围能力是与金属 Au 大小有着直接关联的。但是，制备大小均一的胶体金，一般都需要表面活性剂来作为 Au 前驱体的还原剂和生成 Au 颗粒的包裹剂；表面活性剂的另一个作用则是吸附到零价态 Au 的表面防止生成的 Au 团聚而聚沉。之前的文献报道一般是利用制备好的 Au 胶体通过简单的浸渍方法把 Au 负载到载体上面，然后通过高温煅烧等手段去除 Au 胶体表面的表面活性剂吸附剂，但是高温煅烧一方面可能会破坏载体的形貌另一方面则对制备的一定形貌的 Au 也有影响，所以发展一种既高效去除 Au 表面活性剂又不破坏载体和金属形貌的方法是研究负载胶体方面的一个不可忽视的问题。叶等人通过高氯酸的强氧化性成功去除了通过浸渍方法负载上 Au 的表面活性剂，保持了 Au 特定形貌并取得较好的光电子吸收利用效率。但是高氯酸是一种很强氧化性的液体酸，如何处理利用后的残液等问题是不可忽视的一个方面。同时，在 Au 和载体 TiO$_2$ 的接触面，高氯酸未必能完全氧化。所以发展一种既绿色又高效完全去除胶体 Au 表面活性剂的化学方法仍然亟待解决。

在接下来的章节中，为了得到更高的可见光子利用效率。这里制备了不同含量暴露(001)面的锐钛矿 TiO$_2$ 纳米片，同时制备了系列大粒径的金胶体纳米颗粒。利用载体纳米片不同晶面上吸附的光生载流子电荷不同这一现象，发展了一种绿色高效的 Au 胶体负载方法——光催化氧化方法。该策略一方面把胶体 Au 表面覆盖的吸附剂全部清除干净，另一方面则是把 Au 选择性地负载到载体 TiO$_2$ 的(001)面上。通过上述光催化过程制备的 Au/TiO$_2$(001)面体系，可以在等离子光响应方面，胶体金负载方面和纳米片对光生载流子的分离等方面起到一定的指导意义。

第二节　催化剂制备

以下所有用到的化学试剂都是购自 Alfa Aesar 化学试剂公司并没有经过任何提纯等步骤处理。

具有不同(001)含量的载体锐钛矿 TiO$_2$ 水热反应制备步骤如下：15mL 异丙醇钛慢慢加入一定量的 40%的氢氟酸，混合液搅拌均匀后加入 25mL 聚四氟乙烯高压反应釜中，在 180℃烘箱中静态反应 24h。得到的粉末离心分离 80℃烘干，之后用 0.1M 的 NaOH 洗涤若干次去除 TiO$_2$ 表面吸附的氟离子。最后烘干备用。得到的催化剂命名为 TiO$_2$-n，其中 n 代表 HF/TiO$_2$ 的摩尔比。

具有不同粒径的 Au 胶体合成步骤如下：100mL 0.01% HAuCl$_4$ 首先置于 250ml 圆底烧瓶中，加热至沸腾保持约 3min，之后迅速加入一定量的 38.8mmol/L 的柠檬酸钠溶液。混合液先出现蓝色最后慢慢变成酒红色，保持约 10min。不同粒径大小的 Au 胶体是改变柠檬酸钠的量来调控。合成出的酒红色 Au 胶体保持在 0℃冰箱中，备用。

胶体 Au 负载到 TiO$_2$ 纳米片上的合成步骤如下：0.5g 制备的 TiO$_2$ 纳米片置于若干去离子水中，混合均匀后转入光解水装置中(详见第二章反应装置照片)，之后加入计算好的 Au 胶体溶液(去离子水与金胶体溶液总和为 120mL)。抽真空 15min，之后在全光谱条件下光照。为了检测 Au 胶体的负载变化，隔 2h 取一次混合液，抽滤用 UV-Vis 检测滤液中的 Au 胶体含量。得到的 Au/TiO$_2$ 抽滤，烘干，备用。光催化方法制备的样品命名为 Au/TiO$_2$-n-PD。

作为对比，也用传统浸渍方法制备 Au/TiO$_2$ 样品。步骤如下：0.5gTiO$_2$ 放入一定量的 Au 胶体溶液中。直接加热 100℃去水。之后烘箱彻夜烘干备用。高氯酸处理的参比样品制备方法：选取一定量的浸渍样品，高氯酸氧化。浸渍方法和高氯酸氧化制备的样品分别命名为：Au/TiO$_2$-IM 和 Au/TiO$_2$-OX。

第三节　结果与讨论

一、Au 胶体和 TiO₂ 理化性质表征

首先根据传统的 Frens 方法首先制备出了平均粒径约 10nm 左右的 Au 胶体。Frens 方法由于具有简单易行，重现性高等优点而被广泛采用。图 6 - 1 给出制备出的 Au 胶体紫外可见吸收和粒径分布结果。从 UV - Vis 结果可以看出，所研究的 Au 胶体表现出了较好的光学吸收且在可见光区域有一个中心处于 530nm 的吸收峰。根据 Au 胶体的性质，530nm 的吸收峰属于 Au 纳米颗粒特有的等离子共振峰；且该峰半峰宽很窄对应于 Au 纳米颗粒粒径大小分布比较窄即粒径大小均一。插入的胶体 Au 液体颜色可以看出，制备出的胶体质量很好表现出酒红色透明均一等特点。这里需要指出的一点是，这里制备的 Au 胶体 SPR 峰相比于上章节的 540nm 吸收峰有所蓝移，这是因为 Au 所处的化学环境不同所引起的。图 6 - 1 也给出了相应的 Au 胶体 TEM 结果。从图中可以明显地看出，Au 纳米颗粒是以球状形式存在的且粒径分布相对均一。TEM 图中插入的 Au 粒径分布结果对应了上述的讨论，即 Au 纳米颗粒表现粒径比较均一，分布范围窄。这也对应了上述金胶体的 UV - Vis 光学吸收结果。这里可以得出，制备的 Au 胶体纳米颗粒质量很好，适合于作为接下来选择性负载到 TiO₂（001）面的研究对象。

接下来对合成出的载体 TiO₂ 纳米片的一些重要的物理化学性质做一个详细的描述。表 6 - 1 给出了四个载体样品的详细信息。这里所用到的四个 HF 含量分别为相对于 TiO₂ 的摩尔比：1/1、3/2、2/1 和 5/2。通过这四个 HF 的水热调控，合成出的四个锐钛矿 TiO₂ 纳米片的尺寸如表所示。对于 TiO₂ 的（001）面的含量这里选用了目前比较认可的两种方法：XRD 和 Raman 方法。XRD 计算方法如下：对于特定规则的锐钛矿 TiO₂ 纳米片，位于 $2\theta = 38°$ 和 $48°$ 的（004）和（200）衍射方向分别对应于沿 c 轴和 a 轴的生长方向，也就是说根据（004）衍射峰的半高宽等性质可以看出纳米片的厚度信息；根据（200）衍射峰的相关性质可以推测出纳米片长度信息。所以基于布拉格方程可以推出相应的厚度和长度，从而计算出（001）面的含量；对于 Raman 计算的方法过程如下：由于（001）面仅仅是由未配位饱和

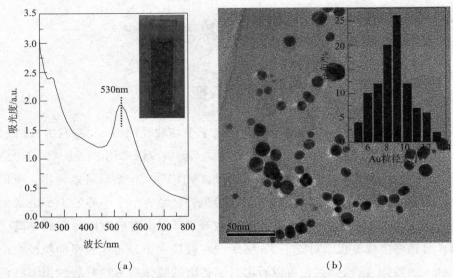

（a）   （b）

图 6-1   合成 Au 胶体的 UV-Vis 图和对应的金胶体颜色状态（a）；
金胶体的 TEM 结果和相应的粒径分布（b）

的 Ti 原子和 O 原子，所以该面上只存在 Ti-O 的反对称弯曲振动；而（101）面即存在配位饱和的 Ti 原子核 O 原子又存在未配位饱和的两种原子，所以在该面上 O—Ti—O 对称伸缩振动的归一化强度是与（101）面的含量呈正相关的，根据对应于反对称弯曲振动的 A_{1g} 和对称伸缩振动的 E_g 的归一化强度就能计算出较准确的（001）面含量。值得注意的是，这两种计算晶面含量的方法仅限于纳米片特定体系，且由于 XRD 的本征缺点等因素，XRD 计算出来的结果准确度要低，而 Raman 的精确表面振动技术奠定了它的相对准确性特点。表 6-1 给出了两种计算（001）面的结果，从结果可以看出，XRD 计算的数值要高于 Raman，这也吻合了上述提到的 XRD 结果的误差大因素。表 6-1 也列出了四种纳米片的比表面结果，从结果可以看出，比表面都处在 80m²/g 范围且有下降的趋势，这说明合成出的纳米片具有较高的比表面积且随着纳米片变薄其比表面变少。四种不同（001）面含量的纳米片都显示出了浅蓝色的特点，这与文献报道的相一致。这是因为在纳米片的水热合成过程中，氟离子一方面保证了锐钛矿纯相的生成另一方面则吸附到（001）面上保证纳米片的生成。在用 NaOH 处理去除氟离子之后，（001）面上由于氟离子的去除会留下一个缺陷位点，这个缺陷位点一般认为是材料的颜色中心。

表 6 - 1　所制备出的 TiO₂纳米片的物理化学性质

样品	HF/TiO₂[a]	粒径大小/nm × nm	(001)面的百分比/%		比表面积/(m²/g)	颜色
TiO₂ - 1/1	1/1	7×30	68[a]	58[b]	85	灰色
TiO₂ - 3/2	3/2	6×40	77[a]	66[b]	78	灰色
TiO₂ - 2/1	2/1	6×45	80[a]	73[b]	80	灰色
TiO₂ - 5/2	5/2	5×50	83[a]	77[b]	75	灰色

注：HF/TiO₂为摩尔比；a 表示通过 XRD 计算；b 表示通过 Raman 计算

对于具有缺陷位点的半导体，它们一般会表现出特殊的光学吸收性质，比如对入射光范畴的有效拓展等。图 6 - 2 给出了所制备 TiO₂纳米片的 UV - Vis 光谱结果。从图中结果可以得到，所有 TiO₂纳米片都表现出了约 380nm 的边缘光学吸收特点，这是典型的锐钛矿相 TiO₂带隙性质。接着归一化了紫外可见光谱，在图 6 - 2的结果可以看出，TiO₂纳米片相对于参比锐钛矿相样品在可见光区(400 ~ 800nm)表现出明显的光学吸收，且吸收强度随着(001)含量的增加而增强。这个结果说明了上述去除氟离子而生成缺陷位点的这个结论。同时，给出了四个纳米片样品和参比 TiO₂的颜色，如图 6 - 2 的插入图片所示。纳米片样品都显示出了浅蓝色且表现出随着(001)面含量的增加而加深，而参比 TiO₂则是表现出了传统的亮白色。

对于上述关于合成出的金胶体和载体 TiO₂纳米片的物理化学性质有了全面的了解，下面就对合成的 Au/TiO₂样品性质展开讨论。

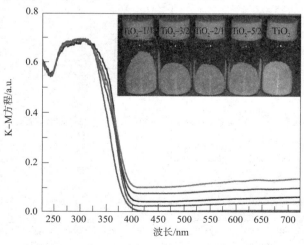

图 6 - 2　合成出 TiO₂纳米片的 UV - Vis 光谱和对应的样品照片

这里首先对合成出的 Au/TiO₂ 样品进行结构方面的表征。图 6 – 3 给出了所研究四个样品的 XRD 和 Raman 结果。对于 XRD 方面，四个样品都表现出锐钛矿纯相，并未出现其他相的衍射峰，这说明这里的水热方法是制备的纯锐钛矿相 TiO₂ 较好的一个途径；另一个方面，四个样品的衍射峰都很尖锐，峰的半高宽都很窄，这说明了制备样品具有很好的结晶度和较大的粒径。对于纳米片 TiO₂，它的粉末衍射峰状态是不同于上章节纳米颗粒。这个不同主要表现在两个方面：一是位于 $2\theta = 38°$ 的（004）面的峰，纳米片在该位置表现出了相比于纳米颗粒较大的半高宽；二是纳米片在 $2\theta = 48°$ 对应于（200）面的衍射峰的强度要明显高于纳米颗粒。这是因为纳米颗粒具体的特定微观结构决定的这种差异。这里 Au 的理论含量约 2.5%，虽然低于上章节的 4%，但是在 $2\theta = 44°$ 位置处表现出了 Au 的 FCC 结构明显的衍射峰，这是因为这里的 Au 纳米颗粒粒径较大，能够发生特定的 X 射线衍射现象。对于 Raman 方面，四个样品都表现出明显的 Raman 振动峰，Raman 位移（振动模式）分别为：145（E_g）、395（B_{1g}）、515（A_{1g}）和 635（E_g）cm⁻¹。这些都属于典型的锐钛矿相 Raman 振动模式，也吻合了上述 XRD 载体为纯锐钛矿相 TiO₂ 的结果。值得一提的是，对于上述的归一化后的 Raman 各位移的振动峰强度是与（001）面的含量有关联的，即位于 145cm⁻¹ 的 E_g 振动模式随着（001）面含量的增加而降低；而位于 515cm⁻¹ 的 A_{1g} 振动有所增强。这是因为（001）面含量的变化直接影响 Ti – O 振动模式的改变而引起的。

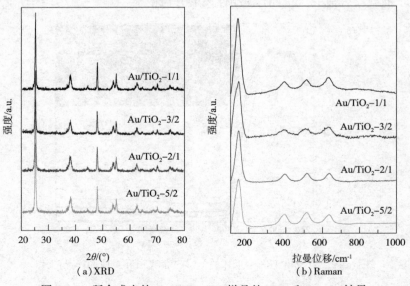

（a）XRD　　　　　　　　　　（b）Raman

图 6 – 3　所合成出的 Au/TiO₂ – PD 样品的 XRD 和 Raman 结果

为了更好地说明这里的新制备方法优越性和得到更多的样品信息。接下来也对制备出的样品进行其他物化表征。热差分析（DTA）是基于热重的一个物化性能测试，能很好地说明在不同气氛条件下的样品物种的变化。这里选用氧气气氛来作为反应气体考察样品的放热性质。图 6-4（a）给出了用三种不同方法制备的 Au/TiO₂ 样品的 DTA 结果。需要说明的是，为了方便与其他两种参比方法做直接的比较，这里选用光沉积方法制备的 Au-TiO₂-2/1 样品作为对比，这是因为下面将要讨论的 Au-TiO₂-2/1 光催化活性较好的原因。从 DTA 结果可以看出，对于简单浸渍方法制备的 Au/TiO₂ 样品，一个明显处于 310℃ 的放热峰可以被观察出来，这是样品表面有机物（比如，吸附在 Au 表面的柠檬酸根离子）的氧化去除峰；对于利用 HClO₄ 氧化后的样品，Au-TiO₂-OX，处于 310℃ 的放热峰强度明显降低但是还有一定的强度，这是说明一方面高氯酸氧化确实可以去除大多数的表面有机物，另一方面则是其对有机物的清除效应并不是完全的；对于利用新颖的光沉积方法制备的 Au-TiO₂-PD 样品，有机物的氧化峰已经完全消失。光催化氧化方法在拉近 Au 胶体到（001）面的时候，优先氧化接触的有机物分子，即 Au 与载体 TiO₂ 的那一面有机物，这一点就是这里的光氧化方法由于高氯酸氧化方法的实质原因。另一个方面，这个过程不仅能提高有机物的完全氧化同时也增强了 Au 和载体之间的作用力。

为了进一步说明 Au 和载体之间的作用力强弱，接下来利用 XPS 表面技术来说明 Au 的结合能状况。图 6-4（b）给出了 Au 4f 的结合能结果。从图中可以看出，对于 Au-TiO₂-IM 样品，它的结合能为 82.8eV 和 86.4eV，这是金属 Au 的结合能数值，但是这里的金属 Au 结合能数值要低于典型 Au 的 83.8eV 和 87.4eV 结合能，这是因为一方面，Au 与载体 TiO₂ 存在一定的作用力；另一方面，则是 Au 表面存在的有机物离子改变了 Au 周围的化学环境。对于 Au-TiO₂-OX 样品，0.1eV 的化学位移可以明显地观察出来；而对 Au-TiO₂-PD 样品，则发生了 0.3eV 的化学位移，这说明在去除表面有机物离子的同时，加强了 Au 和载体之间的作用力，且通过光催化氧化方法制备的样品，负载物和载体之间的紧密程度是最强的。为了说明去除 Au 表面有机物的这种效应和 Au、载体之间的紧密程度对整个样品存在的光学影响，接下来利用 UV-Vis 给出样品的光学吸收性能。图 6-4（c）给出了 UV-Vis 结果。从结果可以看出，除了载体锐钛矿 TiO₂ 的本征吸收外（约 380nm），三个样品都表现出了强的 Au 处于 550nm 处的 SPR 吸收峰，

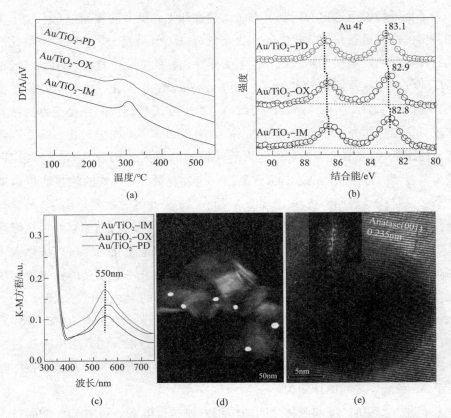

图 6 - 4　(a)利用三种方法制备的 Au - TiO$_2$ - 2/1 DTA 结果；(b)三种制备方法得到的
Au - TiO$_2$ - 2/1 样品 Au 4f 的 XPS 结果；(c)三种方法制备的 Au - TiO$_2$ - 2/1 样品
UV - vis 结果；(d)Au - TiO$_2$ - 2/1 - PD 样品的 HAADF - STEM 结果；
(e)Au - TiO$_2$ - 2/1 - PD 样品的 HRTEM 和对应 Au 纳米颗粒的 FFT 结果(插入图片)

且强度以 Au - TiO$_2$ - PD 样品最强，接着为 Au - TiO$_2$ - OX 和 Au - TiO$_2$ - IM。这
里需要说明的是，三个固体样品的 SPR 峰位置较上述 Au 胶体的(图 6 - 1)发生
了 ~20nm 的红移，这是由于负载到 TiO$_2$ 表面提高了整个对光的折射系数。通过
上述对 Au/TiO$_2$ 样品三种制备方法的比较和描述，这里对所发展的光催化氧化方
法的优点有了较明确的认识。下面就将对样品的形貌进行了表征，图 6 - 4(d)和
(e)给出了 Au - TiO$_2$ - 2/1 - PD 样品的 HAADF - STEM，HRTEM 和对应 Au 颗粒
的 FFT 结果。从图中结果可以看出，视镜中的大小均一约 10nm 的 Au 颗粒几乎
都在 TiO$_2$ 的(001)面上。由于 TEM 的立体感差或者视觉原因，部分 Au 颗粒处于
TiO$_2$ 的其他面上。在给出的高倍电镜结果可以看出，Au 和载体 TiO$_2$ 的晶格清晰

可见，且两者接触的边缘处可以看出交相晶格条纹，这进一步地验证了通过光催化氧化方法制备的样品 Au 和载体之间作用力强这个结论。同时也给出了负载上 Au 颗粒的 FFT 结果，如图可以看出，FFT 斑点清晰可见说明 Au 颗粒好的结晶度。作为对比这里也给出了 Au － TiO₂ － IM 的 HRTEM 结果和对应 Au 颗粒的 FFT，如图 6 － 5 所示。FFT 的模糊不清的结果和 Au 与载体 TiO₂ 的辨不出晶格现状间接说明上述光催化氧化方法的优越性。图 4 － 18 也给出了 Au/TiO₂ － PD 样品的 TEM 图，这个结果清晰地说明了 Au 全部在 TiO₂ 的（001）面。

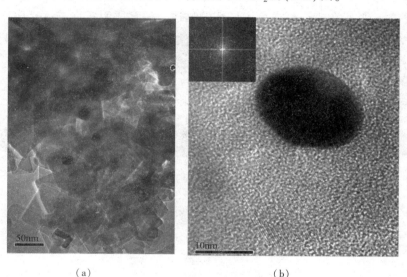

（a）　　　　　　　　　（b）

图 6 － 5　Au/TiO₂ － PD 样品的 TEM 图（a）和 Au/TiO₂ － IM
样品的 HRTEM 对应的 FFT 结果（b）

通过上述的材料性质方面讨论，有必要对光催化氧化过程来负载 Au 胶体到 TiO₂（001）面做一个系统的描述。图 6 － 6 给出了这个策略的过程。首先，Au 胶体和载体 TiO₂ 置于同一个液体环境，当它们处于 320 ~ 780nm 的全光谱入射光照射时，金胶体会在 530nm 入射光的条件下发生 SPR 效应，表面聚集大量的自由电子而表面呈现负电荷；对于载体 TiO₂，由于不同晶面对不同载流子的吸引力不同，（001）和（101）面分别聚集光生空穴和光生电子从而带正负电荷；当带电荷的 Au 胶体和 TiO₂ 接触时，就会在异相电荷相互吸引作用下慢慢靠近，同时具有很强氧化能力的空穴把 Au 胶体表面的有机物离子氧化掉，当 Au 胶体负载到 TiO₂ 面上后，其又可以俘获光生空穴从而把 Au 胶体表面的有机物离子清除干净。

图 6-7 给出了在光沉积过程中的 Au 胶体变化情况。从这个结果也间接说明 Au
胶体慢慢负载到 TiO₂表面。图 6-8 给出了 Au 胶体光沉积过程相应的还原过程。
在具体的光沉积环境中，光生空穴把 Au 胶体表面包裹的柠檬酸根等离子氧化成
CO_2等无机小分子，被转移到(101)面上的光生电子则还原溶液中的质子成 H_2而
释放出来。图 6-7 和 6-8 代表的光催化过程中的氧化和还原过程是相互说明
的：Au 胶体的 UV-Vis 强度和氢气的产生量都是到最后的阶段缓慢变化的。上
面详细讨论了 Au 胶体选择性负载到 TiO₂纳米片上，对整个负载过程和相应 Au/
TiO₂材料的一些物化表征也进行了详细的描述，但是所制备出的 Au/TiO₂样品具
体的光响应效果又是怎样的呢？下面就把合成出的 Au/TiO₂样品应用到具体的光
催化反应中来说明这里提供的光催化氧化方法的优越性。

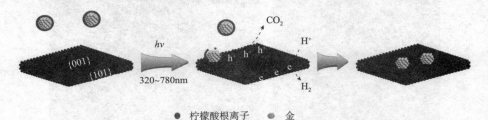

图 6-6 Au 颗粒负载到 TiO₂(001)面的策略示意图

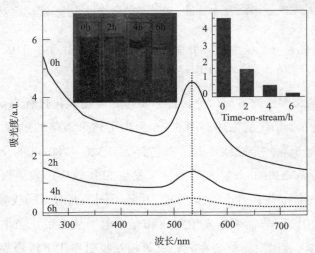

图 6-7 Au 颗粒负载到 TiO₂(001)过程中 Au 胶体的
滤液 UV-Vis 结果和对应的颜色变化(插入照片)

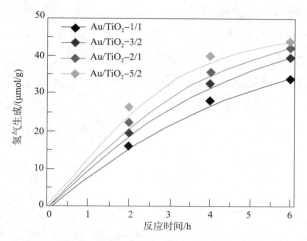

图 6 – 8　Au 胶体光沉积负载到 TiO₂ 过程相对应的还原产氢过程

二、Au/TiO₂ 光响应能力探究

对于特定金属比如 Au、Ag 的等离子体共振效应引起的可见光响应光催化剂体系，金属和载体之间的接触程度即两者之间的距离是影响 SPR 效应好坏的关键因素之一。本章中，这里首次利用光催化氧化方法选择性的负载 Au 到 TiO₂ 的（001）面，同时又最大程度上的拉近 Au 和载体之间的距离。制备出的 Au/TiO₂ 体系的光响应，首先利用可见光（大于 400nm）的光电流结果来验证这里所构建催化剂体系的优劣。图 6 – 9（a）给出了光电流结果，从图中可以看出，在无光照条件下，是没有光电流相应的。给出光照，光电流就产生响应说明入射光的必须性。在偏电压 –0.8 ~ 0.2V（versus Ag/AgCl）条件下，不同条件制备的样品都表现出较好的光响应信号，但是 Au – TiO₂ – PD 样品表现出最好的响应值，饱和光电流为 0.9mA/cm²，约是 Au – TiO₂ – IM 样品（约 0.3mA/cm²）的三倍，Au – TiO₂ – OX（约 0.4mA/cm²）的 2.3 倍。从这个结果可以初步得到光沉积制备的 Au/TiO₂ 样品由于具有优于其他参比催化剂的性质，其光响应效果是很好的。另一方面，光电流响应又是说明光生载流子在催化剂与反应液界面迁移效果好坏的一个重要手段，也就是说，光电流响应是检验分离后的光生载流子参与催化反应好坏的方法。下面就把催化剂应用到具体的光催化反应中来验证与光电流响应的吻合程度。选用两种典型的反应——水的重整制氢（还原反应）和亚甲基蓝的降解（氧化

91

反应）。图 6-9 给出了两种反应的结果。从图中可以看出，Au-TiO$_2$-PD 样品不管是氧化还是还原反应，都表现出了最好的可见光（$\lambda > 400\text{nm}$）活性。这说明这里所研究样品的分离后的光生空穴和电子在具体的催化剂和反应液界面之间的迁移效果是很好的。同时也说明，利用本章节所发展的光催化氧化方法是一个对光生载流子产生和分离的一种高效策略。

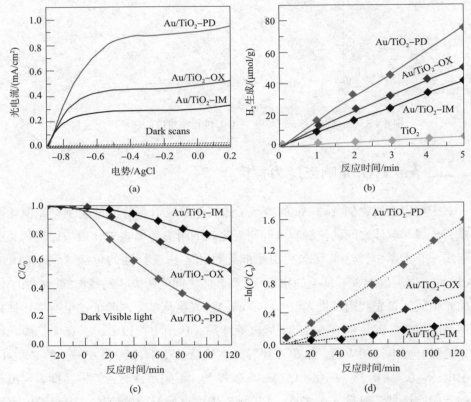

图 6-9 （a）三种方法制备的 Au-TiO$_2$-2/1 光电流响应：1.0M 的 KOH，扫描速率为 50mV/s，光照条件是 $\lambda > 400\text{nm}$；（b）三种 Au-TiO$_2$-2/1 催化剂的可见光（$\lambda > 400\text{nm}$）条件下产氢活性，1% Pt 原位光沉积到催化剂表面作为共催化剂；（c）和（d）是三个 Au-TiO$_2$-2/1 样品在可见光（$\lambda > 400\text{nm}$）条件下降解 MB 的活性结果

接着也给出了四种不同（001）面含量载体的光响应结果。图 6-10 列出了具体的响应类型和对应的结果。从图 6-10 的结果可以看出，在光电流响应和光催化还原和氧化反应中，可见光响应的能力都是随着载体锐钛矿 TiO$_2$ 的（001）面含量的增加而提高。这是因为高（001）面的暴露比例提高了未配位饱和原子的数量，

从而一定程度上提高了载体与反应物小分子之间的吸附，间接提高光生载流子参与还原和氧化反应。另一方面，高的(001)面的暴露量，对应的 TiO_2 缺陷位点量高，其可见光吸收能力也相应较高(UV – Vis 吸收结果)。

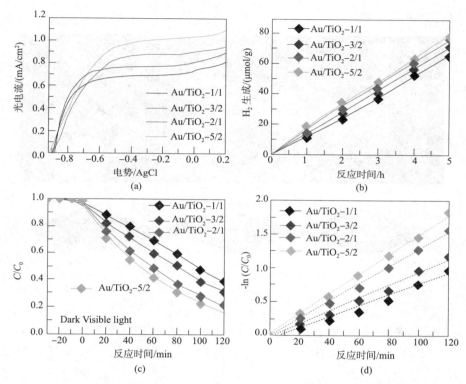

图 6 – 10　（a）四个 Au – TiO₂ – PD 样品的光电流响应：1.0M 的 KOH，扫描速率为 50mV/s，光照条件是 λ > 400nm；（b）四种 Au – TiO₂ – PD 催化剂的可见光(λ > 400nm)条件下产氢活性，1% Pt 原位光沉积到催化剂表面作为共催化剂；（c）和（d）是四个 Au – TiO₂ – PD 样品在可见光(λ > 400nm)条件下降解 MB 的活性结果

在可见光条件照射下，载体会一定程度上产生光生载流子，这些载流子会迁移到不同的 TiO_2 晶面从而参与化学反应。高的(001)面如前面引言所述对光生载流子的分离是有益的。

另一方面，等离子共振金属在可见光条件下产生光生电子，随即转移到载体 TiO_2 的导带位置。对于金属的等离子体共振效应的强弱是与金属的粒径大小呈正比的。接着以 TiO_2 – 2/1 为载体考察 Au 粒径大小与 SPR 效应引起的可见光响应效果的关系。图 6 – 11（a）给出了三种 Au 粒径大小（分别约为 9nm、24nm 和

36nm)样品的 HAADF-STEM 结果和相应的结构模型。图6-11(b)和(c)给出了两种反应——水的还原和 MB 的氧化结果。从图中结果可以看出,这里的 Au/TiO$_2$体系在具体 SPR 效应可见光的响应应用中,其响应强弱是与 Au 纳米颗粒的粒径大小呈正相关的。

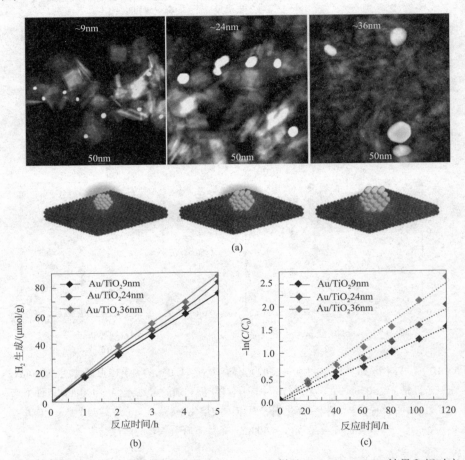

图6-11 (a)不同 Au 粒径的 Au-TiO$_2$-2/1-PD 样品 HAADF-STEM 结果和相对应的结构模型;(b)三个 Au-TiO$_2$-2/1-PD 催化剂的可见光(λ>400nm)条件下产氢活性,1% Pt 原位光沉积到催化剂表面作为共催化剂;(c)是三个 Au-TiO$_2$-PD 样品在可见光(λ>400nm)条件下降解 MB 的活性结果

为了说明这里的催化剂体系在同其他催化剂比较方面也有相当的优越性,接下来选用商用纯锐钛矿相 UV100 作为对比对象。它们在水分解制氢和亚甲基蓝的光降解活性数据如表6-2所示。从表中数据可以得出,对于单纯的锐钛矿

纳米颗粒作为载体，Au/TiO$_2$ - PD 样品同样表现出优良的光催化活性，这说明 Au 和载体的接触程度是制约 Au/TiO$_2$ 体系对可见光响应的关键。但是，相比于的 TiO$_2$ 纳米片体系而言，纳米颗粒对光生载流子的分离效果要低于前者 2 倍左右。

表 6 - 2　Au/TiO$_2$ 体系在不同光催化反应中的可见光(400 ~780nm)活性比较

样品	Au 负载量/%	H$_2$产生速率/ $[\mu mol/(g \cdot h)]$	亚甲基蓝降解速率/min^{-1}
TiO$_2$	0	0.13	n. d.
Pt/TiO$_2$	0	1.34	n. d.
UV - 100	0	0.06	n. d.
Pt/UV - 100	0	0.68	n. d.
Au/TiO$_2$ - IM	2.47	9.69	0.0016
Au/TiO$_2$ - OX	2.43	12.25	0.0038
Au/TiO$_2$ - PD	2.45	1.46	0.0125
Au/TiO$_2$	2.46	1.48	0.0012
Au/UV - 100 - IM	2.48	7.66	0.0011
Au/UV - 100 - OX	2.39	9.68	0.0028
Au/UV - 100 - PD	2.42	0.88	0.0096
Au/UV - 100	2.48	1.76	0.0009

　　综上，利用表面活性剂作为还原剂和包裹剂来制备一定形貌可控的金属纳米颗粒是目前研究复合催化剂体系的热点之一。对于半导体光响应方面，金属表面的包裹剂是阻止电子从金属转移至载体表面的主要抑制因素，所以如何有效去除负载到载体表面金属表面的包裹剂是半导体光响应方面研究的主要方面之一。这里提供了一个绿色有效完全去除 Au 表面活性剂的新策略——利用光催化氧化技术，一方面去除有机物离子的效率很高；另一方面，在沉积的过程中也加强了 Au 和载体之间的联系。同时，本章节的研究中，选用对光生载流子起到很好分离效果的 TiO$_2$ 纳米片。这里所制备出的 Au/TiO$_2$ 纳米片复合体系在对可见光的吸收、光生载流子分离和分离后的载流子参与具体的反应等方面都表现出了优良的性能。通过本章节的讨论，可以对胶体金属方面、金属表面等离子共振和纳米片体系等内容有个进一步的认识，同时作者也希望本章节的新颖制备方法可以为今后胶体金属负载方面有些许指导和借鉴意义。

第七章 缺陷型 WO_{3-x} 单晶纳米片合成及其等离子体共振应用

第一节 引 言

三氧化钨（WO_3）是目前研究较多的半导体材料之一，它具有光稳定性、耐酸性、廉价易得和具有低的吸光系数特别是在带隙边缘处仍然表现出该性质等优点。WO_3 不同于 TiO_2，它的带隙只有约 2.6eV 所以其可以应用到可见光的响应中。但是虽然 WO_3 的工作光谱范围相比于 TiO_2 能拓展到 480nm，对于未来的太阳能利用仍然是很有限。所以如何提高 WO_3 的吸收范围和提高太阳能利用效率目前仍然是科研工作者们需要解决的问题之一。

缺陷半导体，由于其在自由载流子密度、电子云密度和表面态对反应物小分子吸附等方面表现出具有不同于完美晶体的特有性能而近些年来被广泛研究。表面氧缺陷是缺陷态氧化物中的一种典型状态。对于 WO_3 半导体来讲，通过氢气刻蚀或者真空处理等缺氧条件都能获得具有一定氧缺陷的 WO_{3-x}，具有一定浓度的氧缺陷往往表现出其他物化性质如金属特有的表面等离子体共振效应（localized surface plasmon resonance，LSPR）。有文献报道，只要化合物表面自由载流子的浓度达到 10^{22} cm^{-3} 左右数量级，该自由载流子就能对一定波长的入射光响应，具体表现形式是集体达到共振。具有氧缺陷的氧化物，一般认为一个氧缺陷可以附带生成两个自由电子（对于阳离子缺陷的话，则对应两个空穴的生成），这些自由电子时刻保持着特定形式的运动，当一组一定频率的入射光照射这些表面自由载流子时，光所具有的能量频率同载流子在某个方向上集体共振频率相一致时，载流子从入射光获得最大的能量从而脱离原子核对它们的吸引表现出特有的化合物 LSPR 性质。该 LSPR 可以应用到太阳能利用领域中的光催化反应、非线性成像等。对于 WO_3 的 LSPR 已经有文献报道，Alivisatos 团队首次合成出 WO_{3-x} 纳米棒并成功应用 LSPR 性质拓展了 WO_3 的吸收利用光谱范围到近红外区域（约 900nm）。但是目前对于 WO_{3-x} 的 LSPR 性质应用到具体的光解水反应中仍然没有系统的研究和报道。

另一方面，常规半导体具有光生载流子很容易再复合缺点，而二维结构对于解决该缺点具有一定的优势。近些年来，随着石墨烯的大量研究，制备单层石墨烯的典型方法——剥离法也被广泛拓展到其他体系。典型的剥离法有：长时间超声，高温煅烧等，这些方法基本都表现出耗时耗能等缺点。在本章节中，发展了一种绿色简单方法——化学溶剂热剥离法来制备薄的 WO_3 纳米片结构，之后在得到的纳米片样品刻蚀来获得一定量的氧缺陷；一方面得到较好载流子分离，另一方面获得较好太阳能利用效果。同时，在拓展可见光利用方面，在本章节中成功利用 LSPR 效应应用到 WO_3 体系。

第二节　催化剂制备

以下所有用到的化学试剂都是购自 Alfa Aesar 化学试剂公司并没有经过任何提纯等步骤处理。

制备 $WO_3 \cdot nH_2O$ 纳米片前驱体步骤如下：0.5g 的 $Na_2WO_4 \cdot 2H_2O$ 置于 40mL 去离子水溶液中，搅拌 10min 后得到透明水溶液；之后加入一定量的草酸并保证 $H_2C_2O_4/Na_2WO_4$ 摩尔比是 1.5，混合液搅拌 30min 之后加入 50mL 聚四氟乙烯高压反应釜中 200℃ 处理 24h，水热处理后得到的固体经过去离子水和无水乙醇洗涤 3~5 次，烘干备用。

制备 WO_3 和 WO_{3-x} 纳米片步骤如下：0.5g 制备的 $WO_3 \cdot nH_2O$ 纳米片置于 40mL 无水乙醇中，搅拌 30min，混合液转移到 50mL 聚四氟乙烯高压反应釜中 200℃ 处理 24h；溶剂热反应后待反应釜冷却至室温抽滤、烘干。之后得到的黄色粉末在 400℃ 煅烧 2h 来提高结晶度。为了得到不同氧缺陷浓度的 WO_{3-x} 纳米片，选用制备好的 WO_3 纳米片分别在氢气和真空条件下 200℃ 处理 2h，得到的样品分别命名为 WO_{3-x} – HT 和 WO_{3-x} – VT。

第三节　结果与讨论

在本章节中，发展了一种简单易行绿色的从厚前驱体制备薄样品的剥离方法：乙醇热软化学方法。首先，通过传统方法制备出较厚的 $WO_3 \cdot nH_2O$ 纳米片。图 7-1 给出了响应的 XRD 和 TEM 图结果。从图中 X 射线粉末衍射结果可以看出，制备出的 $WO_3 \cdot nH_2O$ 纳米片具有较好的结晶度且主要以斜方晶系结构存在（PDF：18-1418）；得到的结果也与文献相一致。图中的 SEM 结果可以看出，传统方法合成出的钨酸纳米片的厚度在 50nm 左右，且厚度大小比较均一。SEM 结果亦同文献报道相一致。如前绪论所述，传统的剥离厚片方法制备薄片一般需要大量的能量来完成，在本章节中，发展了一种乙醇热的软化学方法来对约 50nm 的 $WO_3 \cdot nH_2O$ 纳米片进行剥离。图 7-2 给出了剥离策略。具体思路如下：$WO_3 \cdot nH_2O$ 层状结构的纳米片之间填充着水分子，这些水分子靠比较弱的化学作用力填充在 WO_3 的钨氧八面体层之间。当在乙醇气氛高温高压条件下，水分子与钨氧八面体层之间的弱作用力就会被破坏从而水分子溢出，导致 $WO_3 \cdot nH_2O$ 层状结构脱水变薄而生成 WO_3 纳米片结构。图 7-3 给出了生成的 WO_3 纳米片的 SEM 结果。从该结果中不难发现，生成的 WO_3 纳米片的厚度在 10~15nm 之间，这个结果也间接说明这里的化学软方法剥离的合理性和可靠性。

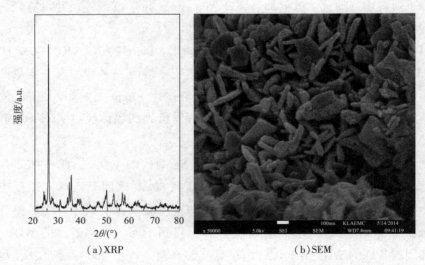

（a）XRP （b）SEM

图 7-1 制备 $WO_3 \cdot nH_2O$ 纳米片 XRD 结果和对应的 SEM 结果

接着对得到的 WO_3 纳米片进行后处理，首先在 400℃ 高温条件下煅烧来提高结晶度，之后在氢气和真空氛围下再处理来得到不同浓度氧缺陷的 WO_{3-x} 样品。图 7-2 也给出了该过程的路径图。

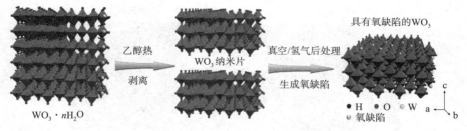

图 7 - 2　合成 WO$_3$ 及 WO$_{3-x}$ 纳米片的策略路径

图 7 - 3 给出了本章节三个样品 SEM 和对应的 HRTEM 结果。从图中可以看出，经过氢气和真空条件处理后的两个样品其形貌相比于原 WO$_3$ 纳米片没有太多的改变，保持着约 15nm 厚的二维片状结构。晶格可见可辨的高倍电镜结果可以得出，三个所研究的样品具有很好地结晶度。FFT 的结果可以得出，（200）和（020）两个晶面能很好地辨别出来且两个晶面的角度是 90°对应于单斜 WO$_3$ 的结构，这个结果间接地说明，所得到的 WO$_3$ 纳米片的暴露面是（002）面。值得注意的是，经真空和氢气处理后的纳米片结构，从上图的 HRTEM 结果中可以辨出具有约 1nm 的非晶结构。文献报道，在缺氧条件下高温煅烧能在表面产生一层不规则晶格结构。在本章节中，虽然 WO$_3$ 纳米片的处理温度只有 200℃，但是对于WO$_3$ 材料——容易形成非化学计量比 WO$_{3-x}$ 结构，所以这里可以把处理后的两个样品表面归属于破坏的晶格结构（disorder layer）。

在上面的讨论部分这里介绍了 WO$_3$ 纳米片薄片以及带有大量氧缺陷两个样品的制备过程，下面就将对本章节中的另一个方面——WO$_3$ 体系中的表面等离子体共振（LSPR）进行详细的描述。首先，先对所研究的三个样品 WO$_3$ 以及 WO$_{3-x}$ 的体相性质利用 XRD 和 Raman 传统手段进行探讨，图 7 - 4 中的（a）和（b）图分别给出了两个方面的结果。从 XRD 结果中，可以看出，三个样品表现出了相似的构型，都属于典型的单斜 WO$_3$ 结构（PDF：20 - 1324）。但是，放大的 $2\theta = 22°$ ~ 26°XRD（图 7 - 5 左）在（020）衍射峰位置 WO$_{3-x}$ 样品相比于 WO$_3$ 发生明显的位移，这是因为晶格中缺少氧元素后其对应的晶格变窄直观上表现出 XRD 大角度位移。另一方面，根据 Debye 公式，依据（001）衍射峰可以给出纳米片在 c 轴方向的长度即纳米片的厚度，经过计算，纳米片的厚度在 16nm 左右，跟上述的 SEM 结果相一致。Raman 光谱是一种很灵敏的表面表征技术手段，图 7 - 4（b）给出了所研究三个样品的 Raman 结果。从图中可以看出，三个样品都表现出了在

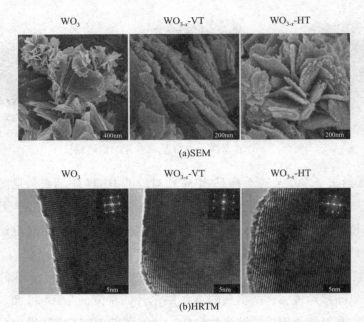

(a)SEM

(b)HRTM

图 7 - 3　合成 WO₃ 及 WO₃₋ₓ 纳米片的 SEM 和 HRTEM 结果

270cm、715cm⁻¹ 和 805cm⁻¹ Raman 振动峰，分别归属于单斜 WO₃ 体系中的 δ(O—W—O) 表面弯曲振动和 ν(W—O—W) 伸缩振动。经过厌氧环境处理后，位于 715cm⁻¹ 的 W⁶⁺—O 伸缩振动位移到了 705cm⁻¹，同时也出现了位于 635cm⁻¹ 的振动峰。这个可以归属于文献报道的 WO₃(H₂O)ₓ 的 Ag 光声子振动，在这里可以归属于水分子吸附到氧空穴位置而形成 WO₃(H₂O)ₓ 结构。下面就 W 和 O 的价态做一个研究。图 7 - 4(c) 和图 4.3.5(右) 给出了 W 4f 和 O 1s 的 XPS 结果。从 W 4f 的结果可以看出，三个样品都表现出了位于 35.6eV 和 37.8eV 结合能的两个峰，分别归属于 WO₃ 中 W 的 4f₇/₂ 和 4f₅/₂。虽然经过厌氧环境的处理，这里并没有发现明显的 W⁵⁺ 的峰。O 1s 结果中的三个样品表现出了类似的构型说明三个样品中氧元素的化学环境并没有发生明显的变化。图 7 - 4(d) 给出了三个样品的电化学测试 Mott - Schottky 结果，用来定量三个样品的导带位置和自由载流子浓度。三个样品都表现出了正的曲线切线斜率，表明都属于 n 型半导体。从图中也可以看出，厌氧环境处理后的两个样品的斜率表现出了很小的斜率表明两个样品的载流子浓度很高。下面利用如下公式给出三个样品的自由载流子的相对定量数值：

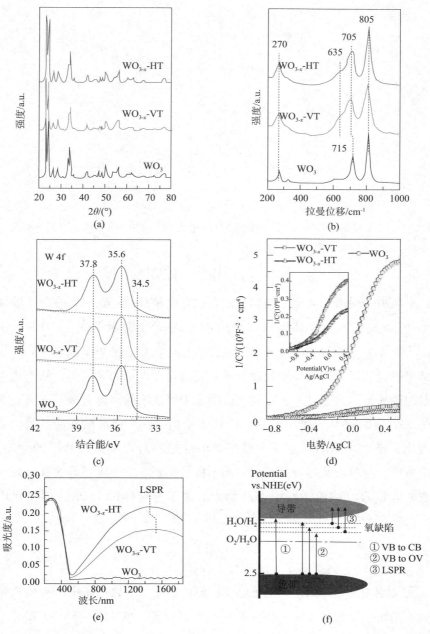

图 7-4 (a)(b)分别为所研究样品的 XRD 结果和 Raman 结果；(c)为三个样品 W 4f XPS 结果；(d)为 Mott-Schottky 结果；(e)为 UV-Vis-NIR 光谱结果；(f)为含大量氧缺陷 WO₃ 的导价带能级，其中①~③分别为带隙跃迁、价带到缺陷能级之间的跃迁和 LSPR 引起的电子跃迁

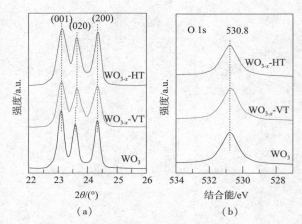

图 7 – 5　三个样品在 $2\theta = 22° \sim 26°$ 的 XRD 图中的放大结果(a)和 O1s 的 XPS 结果(b)

$$N_{\mathrm{d}} = \left(\frac{2}{e_0 \varepsilon_0 \varepsilon}\right)\left[\mathrm{d}\left(\frac{1}{c^2}\right)\Big/ \mathrm{d}v\right]^{-1} \qquad (7-1)$$

式中，N_{d} 是电子密度；e_0 电子电荷；ε_0 真空介电常数；ε 是 WO_3 的介电常数($\varepsilon = 20$)；V 所加偏电压。计算出来的自由电子密度分别为 $WO_{3-x} - VT$ 的 $1.7 \times 10^{21} \mathrm{cm}^{-3}$ 和 $WO_{3-x} - HT$ 的 $2.3 \times 10^{21} \mathrm{cm}^{-3}$，相比于未处理 WO_3 的 $8.6 \times 10^{19} \mathrm{cm}^{-3}$。这个结果告诉，经过厌氧环境处理后样品表面存在大量的氧缺陷，从而表现出大量的自由载流子。为了进一步得到更多的关于氧缺陷的信息，接下来对三个样品进行了 UV – Vis – NIR 表征，图 7 – 4(e)图给出了三个样品的相应结果。从图中可以看出，三个样品的带隙吸收都在 480nm 左右对应于典型 WO_3 的带隙吸收；另一个方面，经过厌氧环境处理后的两个样品都表现出了很强的 NIR 吸收，这是由于表面大量自有载流子所引起的结果。关于半导体的 LSPR，可以利用如下 Drude 公式进行模拟：

$$\omega_{\mathrm{p}} = \sqrt{\frac{N_e e^2}{\varepsilon_0 m_e}} \qquad (7-2)$$

式中，ω_{p} 是体相共振频率；e 电子电荷；ε_0 真空介电常数；m_e 电子有效质量，N_e 自有载流子密度。根据 UV – Vis – NIR 吸收峰结果，$WO_{3-x} - VT$ 和 $WO_{3-x} - HT$ 两个样品分别对应于 1520nm 和 1450nm 的 LSPR 峰，经过上述公式可以计算出，经过厌氧处理后的两个样品 $WO_{3-x} - VT$ 和 $WO_{3-x} - HT$ 的自由载流子密度分别为 2.0×10^{21} 和 $2.5 \times 10^{21} \mathrm{cm}^{-3}$，与上述 Mott – Schottky 结果具有相近的趋势。

图 7 - 4(f)给出了带有大量氧缺陷的带隙结构图以及这里提出的三个产生电子过程。具有一定浓度的氧缺陷由于在具体化合物中的电子轨道组合当中，氧元素的电子云密度变小在与氧元素杂化过程中会生成一些新的低于常规的导带位置带隙结构，如图中导带下面若干导带能级。这些能级往往也会成为新的光生载流子复合中心，当载流子浓度达到一定程度时，在一定波长条件下能达到共振这在一定程度上可以抑制载流子的再复合。图 7 - 4(f)中给出了具体的三个电子跃迁途径：①是 WO$_3$ 的带隙跃迁——电子从价带位置经过一定的入射光激发跃迁到导带位置；②是价带上的电子吸收低于带隙能量的入射光跃迁到新的缺陷能级；③是新生成的缺陷能级上的电子在一定入射波长条件下向上共振跃迁——这个过程相当于金属典型的等离子体过程。

表 7 - 1 列出了所研究的三个 WO$_3$ 一些物理—化学性质。下面就三个样品的具体太阳能利用方面做详细的描述。首先利用三电极在电解池中以 Ag/AgCl 为对电极，Pt 为参比电极在 0.5M 的 Na$_2$SO$_4$ 溶液中研究光电流响应的情况。图 7 - 6 给出了偏电压在 -0.2 ~ 1.0V(versus Ag/AgCl)的光电流响应结果。在全光谱条件下，样品 WO$_{3-x}$ - HT 表现出了最好的光电流响应值，厌氧条件下生成的两个样品的响应值都高于未处理 WO$_3$ 纳米片的。这个结果表明，具有大量自由载流子的样品在一定偏电压条件下对光的响应效果要好。接着，为了验证自由载流子在偏电压和入射光条件下的具体作用，这里把入射光分成了三个部分：UV、Vis 和 NIR，光电流响应值如图 7 - 6(b) ~ (e)所示。未处理的 WO$_3$ 仅仅表现在 UV 条件下的光响应，而处理后的两个样品都在可见和近红外条件下有一定的光响应值，这个结果间接说明氧缺陷在整个太阳光谱吸收转换利用方面的重要性。另一个方面，在全光谱条件下处理后的两个样品的光电流响应值要高于分别在 UV、Vis 和 NIR 条件下光电流之和，而未处理的 WO$_3$ 样品并未表现出很大的差异，这个结果说明氧缺陷在具体的光响应过程中起到一定的促进作用——氧缺陷处的电子在一定波长条件下达到共振有利于在偏电压条件下的迁移，同时也间接地有利于跃迁致该缺陷态能级处的电子(过程①和②)的定向迁移。根据此时的结果，在本章节中可以引入在全光谱条件下的多个过程的协同效应概念——即在模拟太阳光条件下，具有氧缺陷的半导体氧化物的三个过程[图 7 - 4(f)]同时在偏电压条件下起作用来获得最大的光响应值。这个结果与上章节中报道的 Au 和载体 TiO$_2$ 在全光谱条件下共同起作用的机制类似。

表 7-1   WO₃ 样品的一些物理 - 化学性质总结

样品	晶相	比表面积/(m²/g)	颜色	LSPR 峰位置/nm	自由载流子密度/cm⁻³	
WO₃	单斜	133	黄色	/	8.6×10^{19} [a]	/
WO₃₋ₓ - VT	单斜	131	黄绿色	1450	1.7×10^{21} [a]	2.0×10^{21} [b]
WO₃₋ₓ - HT	单斜	129	黄绿色	1520	2.3×10^{21} [a]	2.5×10^{21} [b]

注：a 表示通过 Mott - Schottky 公式计算；b 表示通过 Drude 模式计算。

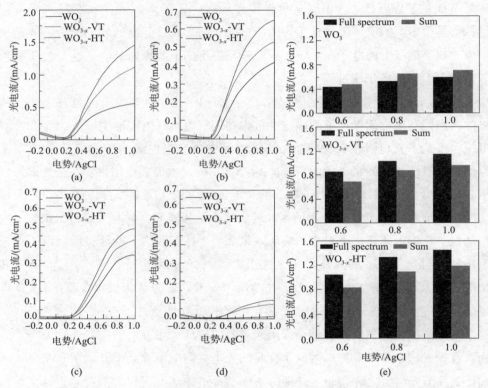

图 7-6   WO₃、WO₃₋ₓ - VT 和 WO₃₋ₓ - HT 三个样品的光电流响应

（a）在全光谱条件下 UV - Vis - NIR light(300 ~ 2500nm)；（b）为 UV light(300 ~ 400nm)；（c）为 visible light (400 ~ 780nm)；（d）为 NIR light(780 ~ 2500nm)；（e）为在三种条件下(UV、Vis and NIR light) 对应的光电流值

接着，把三个样品应用到光催化氧化水产氧反应中，图 7-7 给出了相应不同条件下的结果。从结果中可以看出，三个样品都在 NIR 条件下没有具体的光催化产氧结果。而在 UV、Vis 和 AM 为 1.5 的条件下都有一定的活性而且 WO₃₋ₓ - HT 样品都表现出了最高的产氧活性。图 7-7（b）图给出了 WO₃₋ₓ - HT 样品在五

个单波长条件下的表观量子效率（QY），在单波长 $\lambda = 405\,nm$ 条件下达到最高的 QY 为 11.6%。为了验证过程③LSPR 产生的电子对光解水产氧过程同样起到促进作用，这里也考察了利用两个入射灯来验证该过程。图 7－7(b)图给出了相应的结果，从图中结果可以看出，加上 LSPR 诱导后，产氧活性都有所提高，这与上述讨论的协同效应相一致——即过程①和②产生电子都可以被过程③参加 SPR 的电子团带动来达到共同的共振从而在一定程度上抑制了光生载流子的再复合。

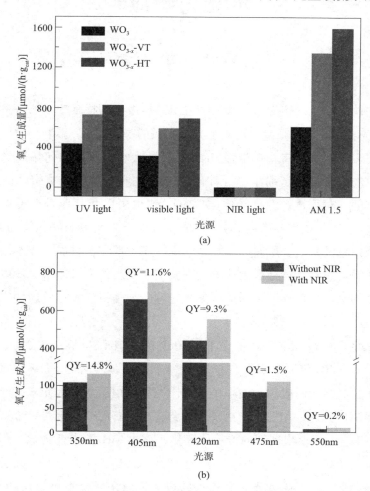

图 7－7　所研究 WO$_3$ 样品的光催化产氧结果

(a)为在不同入射波长条件下的产氧值；(b)为对于 WO$_{3-x}$－HT 样品在几个单波长（$\lambda = 350\,nm$、405 nm、420 nm、475 nm 和 550 nm）条件下的产氧和对应的表观量子转化效率(QY)和加上 NIR 光照条件下的产氧数值

第八章　缺陷金红石 TiO$_2$ 合成策略及其可见光响应

第一节　引　言

二氧化钛（TiO$_2$），作为第一代光响应半导体由于其特有的本征特点只能利用紫外（UV）光，但是 UV 光谱仅占整个太阳光谱的 5% 左右。影响半导体吸收光谱范围的主要限制因素是其光学带隙（bandgap）的大小，所以如何拓展半导体可见光光谱吸收的主要目标是缩小半导体的带隙宽度或制备具有窄带隙的新型半导体。另一方面，对于宽带隙半导体（如 TiO$_2$），也可以和其他具有可见光吸收的物质（半导体、有机染料或者金属）组合成复合体系来间接拓展载体的光学吸收。但是，复合体系没有改变所研究半导体的本征光学带隙，增加了成本的同时往往需要特定的制备条件，这样远远达不到现实工业应用的大量需求。所以如何有效缩小半导体的本征带隙和制备新型可见光光响应剂是目前光响应应用方面的主要工作目标。

对于 TiO$_2$ 而言，其光学带隙在 3.0eV 左右（锐钛矿：3.2eV，金红石：3.0eV），价带（VB）位置主要是有 O 2p 电子轨道组成而导带（CB）位置则是由 O 2p 和 Ti 3d 杂交组合而成。要缩小 TiO$_2$ 带隙宽度可以引入其他元素来改变导价带的电子轨道组合状态，如引入阳离子一般会在 CB 位置出现新的导带层而引入阴离子则是 VB 层上面会出现新的价带位置从而缩小 TiO$_2$ 的本征带隙。但是，引入的新的电子层结构一般在起缩小带隙作用的同时又起到了光生载流子的复合中心。所以掺杂适量的其他元素是获得高的可见光效率研究不可忽视的一个方面。另一个方面，除了引入其他元素来缩小 TiO$_2$ 带隙策略外，引入缺陷如氧缺陷等也可以获得本征带隙的缩小。这就是目前研究较多光响应的一个方面——缺陷性半导体。缺陷 TiO$_2$ 由于其在光电响应，光催化和燃料电池等方面相比于完美晶型

TiO_2 表现出了很好的性能而被广泛研究。具有缺陷位点的 TiO_2 一般由于在导价带之间存在新的缺陷位置而具有较窄的带隙(小于 3eV),同时对反应物分子的较强吸附能力和较好的电子传输性能等优点。比如,Zuo 等利用有机物前驱体可以在高温煅烧条件下释放还原性气体如 CO、NO 来还原制备成的金红石 TiO_2,得到了具有较强可见光吸收能力和水分解产氢能力的蓝色样品;Chen 等在高温高真空条件下利用氢气作为还原剂处理 TiO_2 样品,得到了具有约 1eV 的黑色 TiO_2,该样品具有优良的太阳光响应能力;Yang 等利用铝作为还原剂合成出具有大量氧缺陷位点 Core - Shell 结构的黑色 TiO_2,该黑色 TiO_2 的光电转化效率大于 1.6%。这里值得一提的是,离子掺杂或者生成缺陷位点等策略都是一定程度上破坏了原有 TiO_2 对称晶格结构,从而打乱了原有的元素原子轨道杂化获得杂志原子能级。但是,通过简单方法制备出具有大量缺陷位点且表现出很好可见光吸收金红石 TiO_2 这方面的研究目前还处于欠缺状态。

对于金红石型 TiO_2,一般的制备方法都是通过高温煅烧(通常高于 500℃)锐钛矿相通过相转变来获得或者通过水热方法。对于煅烧方法,一般获得的金红石粒径大于 30nm。而通过水热方法则获得纳米棒等形貌而不是纳米颗粒。对于金红石的合成,目前的实验结果表明氯离子的添加是合成金红石相的一个重要因素。比如,Hosono 等报道利用高浓度的 NaCl 合成出了高质量的金红石 TiO_2 纳米棒;Wang 等直接在水合乙醇的混合液中水解四氯化钛得到金红石纳米棒;其他研究组利用四氯化钛在去除矿化剂的情况下直接缓慢水解制备出了粒径约 30nm 左右金红石纳米颗粒。根据目前文献所报道的方法,得到更小纳米颗粒,比如 10nm 左右,的金红石 TiO_2 仍处于未知状态。

水分解制氢一直被认为是未来解决能源危机一个重要的方向之一。对于 TiO_2 体系,目前已经取得了较好的光转换效率,比如 Chen 等报道的在太阳光条件下的产氢速率达到了 10mmol/(h·g);Yang 等备的硫掺杂金红石的可见光产氢速率达到 0.258mmol/(h·g)。但是目前文献报道的 TiO_2 体系产氢速率还远不足以满足现代社会进步对能源的需求,制备出具有高光转换制氢的 TiO_2 仍是一个难点。

在本章节中,作者根据上述提到的几个方面,着重探究如何利用简便方法制备出具有可见光响应的 TiO_2。另一方面,锐钛矿型 TiO_2,由于具有优良的光响应效应而被广泛应用而这个方面通常是广大研究者们的普遍认识。但是,金红石型

TiO_2的光响应能力是否真的弱于锐钛矿型，在这个方面目前仍处于未知状态。所以，一方面本章节致力于用廉价普遍的钛前驱体四氯化钛通过一步简单的直接水解方法制备出了具有大量缺陷位点低于 10nm 的金红石 TiO_2 纳米颗粒；另一方面，也着重于对金红石和锐钛矿两相在颗粒大小相当的条件下紫外光照的光响应活性。同时，本章节报道的金红石 TiO_2 在光催化裂解水制氢速率达到了目前 TiO_2 体系的最优值，同时在可见光条件下($\lambda = 400.5nm$)的表观量子效率亦是 TiO_2 体系的最高值。希望通过本章节的讨论，能对其他 TiO_2 研究工作者们提供参考。

第二节 催化剂制备

以下所有用到的化学试剂都是购自 Alfa Aesar 化学试剂公司并没有经过任何提纯等步骤处理。

直接水解方法制备缺陷性金红石 TiO_2 步骤如下：取 10mL 四氯化钛溶液慢慢加入 30mL 去离子水的冰浴中，边慢慢搅拌最后成透明溶液；搅拌约 30min，接着快速加热去除水和氯化氢分子(注意：快速加热是生成金红石纳米颗粒的保证)。得到的浅灰色粉末再次用去离子水处理几次，烘箱 80℃ 过夜烘干；样品最后在 200 和 400℃ 条件下煅烧 2h，得到的样品命名为 T1 和 T2。

参比的金红石和锐钛矿 TiO_2 的合成详见第三章，大致步骤如下：对于金红石，10mL 四氯化钛加入 50mL 去离子水中，转入 75ml 聚四氟乙烯反应釜中 180℃反应 24h；锐钛矿的合成，30mL 1mol/L 的四氯化钛溶液加入 30mL 1mol/L 的 KOH 溶液中，75mL 聚四氟乙烯反应釜水热反应 180℃24h。得到的金红石和锐钛矿最终在 200℃ 条件下煅烧 2h，分别命名为 T3 和 T4。

第三节 结果与讨论

一、TiO_2 理化性质表征

在晶体的合成过程中，某些特定离子对于晶体的某些晶面具有一定的吸附能力从而保证了特定晶型的生成，如氟离子一般倾向于吸附 TiO_2 的(101)面从而加入氟离子能保证纯相锐钛矿的生成；氯离子一般倾向于吸附 TiO_2 的(110)面，则在加入氯离子的水热反应条件下高纯度和质量的金红石 TiO₂ 很容易得到。在本章节的合成策略中，加入大量氯离子则是保证金红石相的生成，过程如下：

$$TiCl_4(aq.) \xrightarrow{\triangle} TiO_2(s) + H_2O(g)\uparrow + HCl(g)\uparrow \tag{8-1}$$

但是，大量的氯离子吸附到（110）面则会导致晶体沿着 [110] 方向生成纳米棒形貌。所以为了得到金红石纳米小颗粒，这里采用快速加热的办法加速氯离子在样品上面的解离，切断纳米颗粒的生长方向从而保证纳米颗粒的生成。另一个方面，在水和氯化氢的加热去除过程，会生成大量的缺陷位点，这也是本章节缺陷性金红石 TiO₂ 生成所提供的充分条件。下面就合成缺陷性 TiO₂ 的理化性质进行系统的说明和解释。

图 8-1 给出了所研究金红石样品的 XRD（a）和 Raman（b）结果。从图中的 XRD 结果可以看出，所制备的 TiO₂ 样品都是表现出标准金红石衍射模式（PDF：21-1276）。XRD 表征结果的另一个强有力的作用是，根据衍射强度可以判断出结晶度和颗粒平均粒径大小。对比三个样品的衍射峰归一化后的强度，可以看出 T3 样品的衍射强度最高其得到的晶体完美程度最高，即结晶度最好。从这个层面上也可以看出，简单的水热制备是得到高质量金红石的方法，至于其粒径大小，在第三章中已经给出。对于合成出的缺陷性 TiO₂，T1 样品的衍射峰强度最低，说明其结晶度的程度要弱；另一方面，T2 样品的衍射强度虽然有了提高但是还是弱于 T3 样品。对于 T1 和 T2 两个样品的颗粒大小，根据经典谢乐公式，以金红石 TiO₂ 位于 $2\theta = 27°$ 的（110）峰为主峰算出了 T1 和 T2 的纳米颗粒大小分别为 9nm 和 30nm。高温煅烧不但提高了样品的结晶度而且也增大了纳米颗粒的大小。对于结晶度不是很好的样品，一般由于内部晶格排列不规则而使得样品往往容易生成大量的缺陷位点，关于所研究样品的缺陷位点将在下面章节中逐步披露。

图 8-1 给出了三个样品的 Raman 表征结果。如上面的第三章所示，Raman 技术是一种很灵敏的表面表征手段。对于结晶度较高的 T3 和 T2 样品，都表现出了 3 个典型的金红石 Raman 振动：位于 230cm⁻¹ 的多声子振动，位于 440cm⁻¹ 的 E_g 振动和 610cm⁻¹ 的 A_{1g} 振动。但是对于 T1 样品，E_g 振动模式发生了明显的蓝移（约 25cm⁻¹），这是一方面样品的缺陷位点引起的光声子振动禁闭效应；另一方面则是样品存在缺陷位点（比如氧缺陷），样品的晶格就会发生一定程度的收缩减弱了表面 O—Ti—O 的对称伸缩振动，从而表现出 E_g 的部分蓝移。另一方面，

T1 样品也表现出了 Raman 峰的宽化，这个可能是样品的缺陷位点引起的荧光背景。

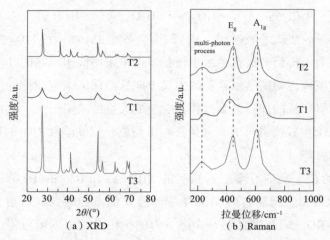

图 8-1   所研究样品的金红石 TiO$_2$ 和参比样品的 XRD 和 Raman 结果

XPS 技术是一种灵敏度很高的表面检测手段，检测深度为表面或亚表面（深度大约 3nm）。所研究样品的 XPS 结果如图 8-2 所示。图 8-2（a）给出了三个样品 T1，T2 和 T3 的 XPS 全谱，从结果中可以看出仅有 Ti 和 O 两种元素。这说明了制备样品的高纯度，即对于 T1 样品在高氯离子浓度条件下也没有残留杂质元素；这也侧面说明了快速蒸干对于样品纯度和形貌的重要性。对于（b）图中的 Ti 2p 的 XPS 结果可以看出，三个样品都表现出了 458.3eV 和 464.1eV 结合能，这分别归属于 TiO$_2$ 中 Ti^{4+} 的 2p$_{3/2}$ 和 2p$_{1/2}$ 结合能情况。这里，并没有观察到明显的 Ti^{3+} 信号，说明所研究样品表面 Ti 元素的价态情况。对于 O 2p 情况，对于直接水解的两个样品 T1 和 T2，都表现出了 529.6eV，531.8eV 和 533.5eV 结合能情况，对于 529.6eV 的情况应该归属于 TiO$_2$ 中晶格氧的结合能；对于位于 531.8 和 533.5eV 两个结合能的情况，应该归属于表面羟基的情况；对于水热方法合成的样品 T3，除了位于 529.6eV 的晶格氧外，属于表面羟基的 O 2p 结合能只有 531.8eV 能够勉强观察出来，这个说明 T3 样品具有很好的晶格排列，具有完美的晶体结构从而提供很少量的表面羟基吸附位点——缺陷位。这个结果也对应了上述的 XRD 结构表征。这里的 XPS 结果也说明了一个事实：对于相对完美的晶体，表面吸附的羟基量很少；而对于结晶度不高的缺陷型晶体，表面羟基的量很多(表面羟基这里可以认为属于表面缺陷位点)。这里简单描述一下表面羟基的生成机制：在快速加热四氯化钛的水溶液过程中，水蒸气和氯化氢快速脱离水溶液一方面保证了纳米颗粒的生成，另一个方面，在[TiO₆]八面体生成的过程中，原位生成了大量的缺陷位点，这些位点吸附水分子从而生成了表面羟基。有趣的是，对 T1 和 T2 两个样品，对羟基峰的两个位置进行卷积积分得到的羟基含量(表 8-1)比较接近，但是要高于 T3 样品。

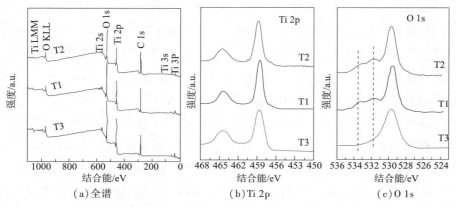

图 8-2　所研究样品的 XPS 全谱和 Ti 2p、O 1s 谱图结果

为了进一步说明表面羟基的存在和对其的定量分析，接下来给出了三个样品在空气条件下的失重(TG)结果。图 8-3 给出了相应的 TG 图。从图中可以看出，对于 T1 和 T2 样品即直接水解合成的金红石，其在 373-973K 温度区间热失重分别为 7.9% 和 6.6%，远高于水热样品 T3 的 2.2%。这说明了直接水解制备的样品表面含有大量的水分子羟基，与上述讨论过的 XPS 结果相一致。

接下来对样品的形貌晶格结构进行了表征。图 8-4(a)给出了所研究金红石

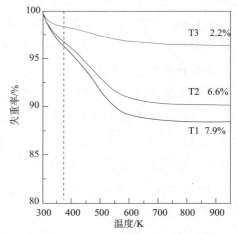

图 8-3　所研究金红石 TiO₂ 的 TG 图结果

TiO₂ 样品的直观形貌结果，从图中可以看出通过直接水解方法制备的金红石 TiO₂(T1 样品)颗粒约 8nm，通过 400℃ 煅烧其粒径有所增加为 30nm 左右；这与上述

XRD 通过谢乐公式估算的粒径大小相一致。作为对比的金红石纳米棒 T3 样品，其长宽分别为 70 和 16nm。对于金红石 TiO_2，根据生产能的大小知道其最稳定的晶面为（110），从图 8-4（b）三个样品的高倍电镜可以看出，都表现出了 0.325nm 的晶面间距。另一个方面，基于高倍电镜可以得到一些样品微观信息，如表面/体相缺陷等。所以接着利用这里的 HRTEM 结果对三个样品进行了晶格分析，结果如图 8-4（c）所示。从图中可以清晰地看出，对于参比金红石 T3 样品，晶格结构呈现出均一的规律，说明通过水热方法制备的 T3 样品其在表面和体相都没有表现出晶格缺陷，这也说明 T3 样品的完美程度较高，吻合与上述已经讨论过的 XRD 和 Raman 等结果；对于通过这里的直接水解方法得到的 T1 样品，其对于所选晶格区间[对应于图 8-4（b）中相应的黄线部分]的分析，表面和体相都表现出了不规则性；而通过高温煅烧得到的样品 T2，仅仅表现出了部分表相的晶格不规则性。对于 T1 样品，根据上述 XPS 和 TG 结果的讨论把表面缺陷位点归属于表面羟基，图 8-4（c）图中也给出了相应的标识。为了探索体相缺陷，接下来对样品进行了电子能量损失能谱（EELS）分析，相应的结果如图 8-4（d）所示。EELS 是一种比较精确的针对缺陷性质的一种表征手段，其强度的损失是因为部分入射的电子被缺陷态俘获而引起的。从 Ti L2，3 带的能量损失谱可以看出，这里直接水解得到的样品 T1 的 EELS 归一化强度要稍微弱一些参比样品 T3 的。对于 Ti 3d 轨道由于与 O 元素八面体杂交形成响应的 s 和 π 轨道可以分解为两个：三重的 t_{2g} 和二重的 e_g 轨道。对于两个样品的 T1 和 T3，$t_{2g} - e_g$ 裂解是相似的，这个结果可以排除 Ti^{3+} 的存在；但是，对于 L2 峰的强度，可以看出两个样品存在比较明显的差别，这个可以归属于点缺陷的存在。

正电子湮灭技术如上面第三章所述是目前研究半导体缺陷性质和浓度的一种很灵敏的手段，由于缺陷位点的大小其位点处的电子密度不同所以可以影响正电子的寿命长短，其灵敏度可以达到 10^{-6} 级别。为了得到直接水解得到的金红石样品 T1 和参比样品水热方法制备的 T2 更充分的缺陷性质证据，这里接着给出了两个样品的正电子湮灭数据。如图 8-5 结果所示，根据正电子湮灭曲线拟合得到了相应的三个寿命 τ_1、τ_2 和 τ_3 和对应的相对强度 I_1、I_2 和 I_3。由于 τ_3 的参数一般用来描述带孔样品中正电子偶素元素所导致的性质所以作者这里不对其进行讨论。对于 τ_2 和 τ_1，在第三章中已经对它们进行了详细的描述，即 τ_1 是因为体相中小位点缺陷引起的正电子寿命组分而 τ_2 是由于存在于表相大位点缺陷引起的正电

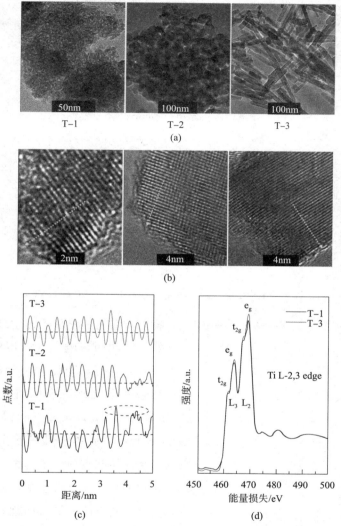

图 8-4　所研究三个金红石样品的形貌和结构分析

(a) 为三个金红石 TiO₂ 样品的总体形貌；(b) 为对应的 HRTEM 结果；

(c) 为基于高倍电镜的且对应于 (b) 为中黄线部分的晶格分析结果；

(d) 为 T1 和 T3 两个样品的 Ti L2, 3-edge EELS 结果

子寿命组分。对于 T1 样品的 τ_1 和 τ_2 组分，其数值都相对于 T2 的两个组分要大，这是说明对于 T1 样品其表面/亚表面和体相缺陷的位点大小要强于 T2 样品。间接表面这里的 T1 样品的缺陷要多于完美晶体 T3，这也跟上述的 EELS，XPS 和 HRTEM 等表征结果相一致。I_2/I_1 的比值方面，T1 样品的数值为 1.66 要大于 T3

样品的 1.09。I_2/I_1 的数值表示表相/亚表相与体相的缺陷浓度之比，所以这里的数值表面通过直接水解得到的金红石样品具有大量的表面/亚表面缺陷位点。这个结果是与上述 XPS 和 HRTEM 中的晶格分析结果相一致。

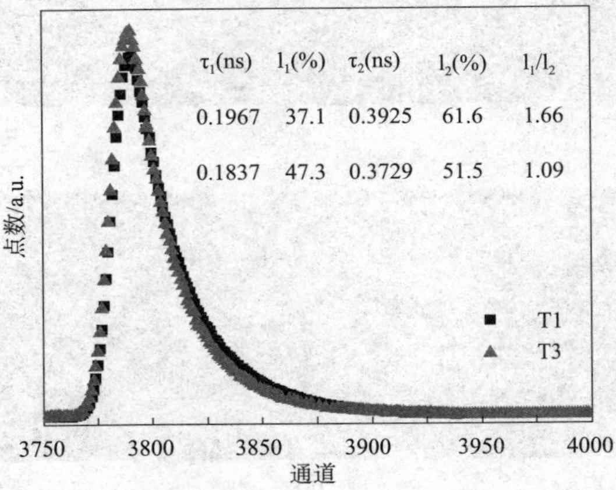

图 8-5　样品 T1 和 T3 的正电子湮灭结果，插入数据为相应的正电子寿命和强度

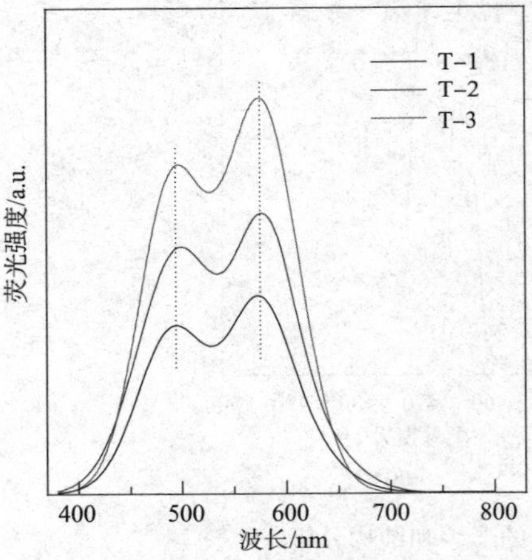

图 8-6　所研究金红石样品的室温荧光光谱结果

荧光光谱是一种基于光生载流子在缺陷位点处的俘获而影响荧光强度的技术手段，其也是研究缺陷性质比较灵敏的方法之一。在真空条件下处理三个所研究的样品并用 360nm 的激光作为光源，所得荧光光谱如图 8-6 所示。从图中可以看出，对于所研究的三个样品都表现出了两个主峰分别位于 480nm 和 580nm，而且这两个峰都不是带隙荧光信号，所以两个信号峰都是由缺陷位点俘获光生载流子而发射出来的荧光峰。对于 480nm 的 PL 峰，这里归属于光生载流子在导带低和价带上方的缺陷带处的俘获；而 580nm 的 PL 峰，则归属于载流子在表面氧缺陷和表面羟基处的俘获所发射出来的荧光峰。从上面的讨论可以得出，对于所研究的样品都具有一定量的缺陷态，且根据荧光峰的相似形状上面也可以得到三个样品所具有相似缺陷位点的这个性质。

综上，对于这里所研究的三个样品都表现出了相似的缺陷性质，而通过直接水解方法得到的 T1 样品的表面缺陷位点很多（XPS，HRTEM 和正电子湮灭等结果），而这些表面缺陷位点的直观表现是以羟基形式出现的。结合上述结果给出所研究样品的一下物化性质，比如相应的制备条件，粒径大小，单位比表面，表面羟基含量和对应的颜色，如表 8-5 所示。相应地为了方便这里也列出了平均粒径低于 10nm 的纯锐钛矿相（这里命名为 T4）一些物化性质。从表中可以看出，T1 样品的直观表现颜色为浅灰色而其他样品为 TiO₂ 的白色，这也为 T1 样品能吸收更多的可见光提供了直观证据。另一方面，T1 和 T2 样品的通过两种方法计算出来的表面羟基数量很高。

表 8-1 所研究 TiO₂ 的一些物理化学性质

样品	制备策略	晶相	粒径大小/nm	比表面积/(m^2/g)	OH⁻ 数/%	颜色
T-1	水解 373K 煅烧 473K	金红石	9	101	15.7	灰色
T-2	水解 373K 煅烧 673K	金红石	32	86	14.3	白色
T-3	水热 453K 煅烧 473K	金红石	23	55	4.9	白色
T-4	水热 373K 煅烧 473K	锐钛矿	6	208	—	白色

傅立叶变换红外漫反射（FTIR）是目前研究半导体样品表面羟基最近发展起来的一种手段。首先这里对所研究样品进行 200℃ 处理两个小时，以 KBr 为背景进行了红外谱图扫描，结果如图 8-7 所示。三个样品都表现出了 1635 和 3425cm⁻¹ 位置处的红外峰，对于 1635cm⁻¹ 处可以归属于样品表面物理吸附水的 H—O—H 振动峰；而 3425cm⁻¹ 可以归属于表面羟基的红外振动。从归一化后的红外两个峰的强度，可以看出表面吸附的水分子和羟基的浓度是 T1 > T2 > T3。上述红外

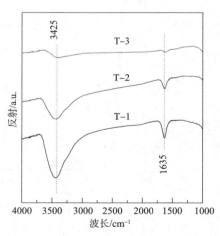

图 8-7 所研究金红石 TiO₂ 样品的 FTIR 结果

115

结果跟上面提到的 XPS 和 TG 相一致。值得一提的是，在空气高温或者真空中煅烧，会减少物理吸附的水分子而减弱红外信号，但是适当的高温处理会改变样品的形貌特征所以这里只采用 200℃ 的温度处理。接下来将其对带隙的影响进行讨论。

二、TiO₂ 带隙结构标定

首先，这里给出了三个样品的 UV－Vis 吸收漫反射光谱。对于水热合成的样品 T3，其吸收光边缘位于 410nm 左右对应于带隙大小为 3.0eV，这是典型的纯金红石带隙；对于通过直接水解方法制备的 T1 和 T2 样品，从谱图结果中可以看出它们具有相对于 T3 样品的好可见光吸收，且 T1 样品的吸收光边缘达到了 700nm 左右；对于 400℃ 高温煅烧后，T2 样品对可见光的吸收强度变弱。根据上述讨论的缺陷性质，这里可以简单把可见光的拓展吸收归属于样品大量的表面缺陷。对于带隙大小，把 UV－Vis 光谱结果转换成 Kubelka－Munk 方程模式如图 8－8(b) 所示。样品 T1 和 T2 所计算出来的带隙分别在 2.75eV 和 2.82eV 左右，相对于参比金红石样品的 3.0eV，通过直接水解制备出来样品的带隙缩小了 0.3eV。为了对的样品导带和价带位置进行标定。下面对三个样品进行了 Mott－Schottky 和 VB－XPS 测定。两者分别用来标定样品的导带和价带位置。

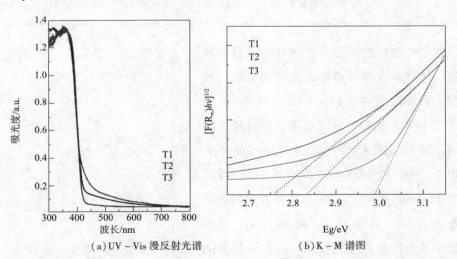

(a) UV－Vis 漫反射光谱　　　　　(b) K－M 谱图

图 8－8　所研究金红石 TiO₂ 样品的 UV－Vis 漫反射光谱和对应的 K－M 谱图结果

样品的价带结构是根据价带 XPS 基于基线直线外推与横坐标交点的方法得到的。图 8-9(a)给出了三个样品 T1、T2 和 T3 的 VB XPS 结果。从图中结果可以看出，三个样品的表观 VB 值分别为 2.20eV、2.31eV 和 2.49eV。也对样品进行了重复试验，每次重复试验差值低于 0.05eV 的，这说明所给出结果的可靠性。根据氧化物费米能级的数值给三个样品的价带值进行了定量，T1、T2 和 T3 样品相对于标准氢电极的价带值分别为 2.60eV、2.71eV 和 2.89eV。从价带的数值可以看出，通过直接水解得到的样品 T1，其相对于参比 T3 样品价带上移了约 0.3eV。这是其能拓展吸收可见光范畴的原因。

电化学中基于半导体阻抗的 Mott-Schottky 测试可以给出半导体具体的相对平带电势，进而转化成半导体的导带电位，这也是目前比较权威的测定半导体导带位置的一个手段。图 8-9(b)给出了三个样品的 M-S 结果。从图中可以看出，三个样品的斜率都呈现出正值说明了它们都属于 n-型半导体。它们 M-S 曲线的斜率与横坐标的交点数值被认为是半导体的导带相对位置。同时，三个样品与横坐标的交点都位于 -0.1eV 左右，说明三个样品的导带位置相当且都相对于标准氢电极约为 -0.1eV。另一个方面，从 M-S 谱图结果中也可以得到样品自由载流子的浓度值。自由载流子的计算通过如下方程：

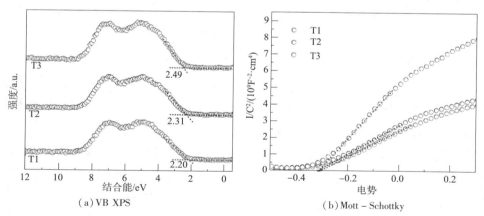

(a) VB XPS (b) Mott-Schottky

图 8-9 所研究金红石 TiO₂ 的 VB XPS 和 Mott-Schottky 结果

$$N_d = 2/(e_0 \varepsilon \varepsilon_0)[\,\mathrm{d}(1/C^2)/\mathrm{d}V\,]^{-1} \tag{8-2}$$

式中，e_0 是电子电荷数值(1.6×10^{-19})；ε 是金红石 TiO₂ 的介电常数；ε_0 是真空介电常数(8.86×10^{-12}F/m)；V 所加偏电压。通过计算可以得出 T1、T2 和 T3 三

个样品的自由载流子浓度分别为：1.10×10^{18}、0.95×10^{18} 和 0.45×10^{18}。对于半导体缺陷位点来说，一般一个氧缺陷位点会生成两个自由电子。所以这里可以得出，样品 T1 所含有的缺陷位点的数量要高于 T3 样品至少三倍。但是，对于电化学测试由于样品与载片导电玻璃的接触、样品所涂的均匀程度等原因不能给出确切的载流子浓度，所得结果只能是相对值，但是可以用来作为样品性质之间差别的简单比较。从上面的结果可以得到，通过上述的简单一步制备的金红石纳米颗粒具有大量的表面缺陷位点，其价带上移和表面聚集大量的自由载流子（这里是电子），这些因素都能用来说明 TiO_2 的可见光拓展吸收这个原因。表 8–2 给出了所研究的三个样品的具体带隙大小和相对应的导价带位置。但是，上述的 TiO_2 导价带定量都是基于实验结果，而根据现代科学水平的提高，这里有必要对所研究金红石样品进行杂化密度泛函（DFT）计算，来进一步定性和定量它们的具体导价带位置。

表 8–2　所研究金红石 TiO_2 样品的导价带位置和对应的带隙值

样品	导带/eV(vs. NHE)	价带顶/eV(vs. NHE)	带隙/eV
T–1	−0.10	2.60	2.74
T–2	−0.11	2.71	2.84
T–3	−0.11	2.89	2.98

这里选用一个 2×2 的金红石（110）面作为研究的模型。根据上述 XPS 和 TG 结果，在（110）面上添加了例如氧缺陷、表面羟基等位点来考察它们对样品金红石 TiO_2 导价带的影响。表 8–3 给出了所计算出的结果。从表中可以看出具有一定表面缺陷位点的金红石样品，其带隙结构发生明显减小和价带结构上移等特征；随着表面羟基数量的增加，价带上移的量增多同时带隙随之变小。计算出来的带隙是与缺陷态呈很好的关联性的，这与文献报道的氧缺陷导致相关金红石带隙缩小的结果相一致。另一方面，这里的计算结果很好地解释了上面所给出的实验结果，即一定量的表面羟基数量能上移金红石 TiO_2 的价带位置从而缩小半导体的带隙，在光学吸收方面表现出较好的可见光拓展。但是，此时无法给出跟上述实验结果完全吻合的计算结果，只能给出相应的趋势，这是因为在 DFT 计算出所选用模型的简单性等特点决定的：如拓展模型到具体的纳米颗粒而不是考察单一的（110）面；考察单一的缺陷类型而不是同时考察多个变量。

表 8-3　DFT 计算具有表面羟基(OHᵦ)、氧缺陷(O_{b-vac})和
亚表面氧缺陷(O_{sub-vac})金红石(110)面的导价带位置信息　　单位：eV

体系	缺陷覆盖度	价带定移动	带隙	缺陷条件下带隙
Defect free	0.00	0.00	3.1^e	3.1
OH	0.25	0.47	2.0	3.1
	0.50	0.98	2.0	2.9
	0.75	1.48	2.0	2.6
O_{b-vac}	0.25	0.36	2.0	2.8
O_{sub-vac}	0.25	-0.05	1.8	2.9

　　基于以上讨论，这里给出了样品 T1 和参比 T3 的带隙结构示意图结果如图 8-10 所示。直接用水解方法制备的 sub-10nm 的金红石纳米颗粒 T1 的带隙结构为 2.7eV(表 8-2)，其价带位置相对于参比样品 T3 来说上移 0.3eV 左右。对于样品 T1，其特有的导价带位置不仅能满足一定范围的可见光吸收，又保持了 TiO₂ 的较强的氧化还原能力，如水的还原水生成氢气、氧化生成氧气。下面就样品的光响应效果进行系统的研究，这里选用比较典型的两个反应：水的重整制氢和亚甲基蓝的降解作为探针测试。

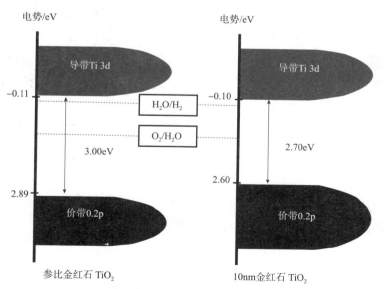

图 8-10　所研究金红石 TiO₂ 样品 T1 和参比样品 T3 的
带隙示意图和对应的结构模型

图 8 – 10　所研究金红石 TiO_2 样品 T1 和参比样品 T3 的
带隙示意图和对应的结构模型（续）

三、TiO_2 样品的光响应能力探究

　　首先给出了光催化重整制氢的结果，如图 8 – 11 所示。在紫外光（UV）320nm ＜ λ ＜ 400nm 的条件下，样品 T1 表现出了最高的表观活性为 24.7mmol/（h·g），接着是样品 T3 的活性 15.4mmol/（h·g），最后是 T2 的活性 9.2mmol/（h·g）。考虑到上面讨论的结果，T1 具有大量的缺陷位点而这些位点一般认为是光生载流子的复合中心，而奇怪的是在的实验结果里，T1 样品却表现出了最优的反应活性。接着，给出了在可见光条件下（400nm ＜ λ ＜ 780nm）的产氢活性，如图 8 – 11（b）所示。同样，T1 样品表现出了最高的产氢速率 932mmol/（h·g），接着依次是 T2 的 372mmol/（h·g）和 T3 的 117mmol/（h·g），这个结果相对应与上述的紫外—可见吸收光谱结果（图 8 – 8）。这里的可见光活性据所了解的文献，是目前报道的最高值，把此时的产氢结果跟 TiO_2 基相关材料进行了直观的比较，如表 8 – 4 所示。在模拟太阳光 AM1.5 的条件下，样品 T1 仍然表现出了最好的产氢活性其速率为 1954μmol/（h·g），分别是样品 T3 和 T2 的 4.2 和 5.6 倍［图 8 – 11（c）］，这个数值同时也是商品 P25 的 3 倍（表 8 – 4）。对于这里的高产氢数值，为了更客观地便于与其他催化剂体系的活性进行直接比较，给出了样品 T1 产氢的表观量子效率（AQE）。计算过程如下：

$$AQE = \frac{number\ of\ reacted\ electrons}{number\ of\ incident\ photons} \times 100\%$$
$$= \frac{number\ of\ evolved\ H_2\ molecules \times 2}{number\ of\ incident\ photons} \times 100\%$$

（8 – 3）

表 8-4　TiO_2 基光催化产氢活性的直观比较结果

催化剂	入射光	反应溶液	助催化剂	H_2 生成速率/ $[\mu mol/(h \cdot g)]$
hydrogenated H－TiO_2	$\lambda > 400nm$	50% CH_3OH/H_2O	0.6% Pt	100
	AM 1.5			10000
hydrogenated titanate naotube	$\lambda > 400nm$	20% CH_3OH/H_2O	1% Pt	120
	AM 1.5			2150
TiO_2 P25	AM 1.5			570
Al reduced H－TiO_2	$\lambda > 400nm$	25% CH_3OH/H_2O	1% Pt	12
S doped H－TiO_2	AM 1.5	25% CH_3OH/H_2O	0.5% Pt	258
Ti^{3+} self－doped TiO_2	$\lambda > 400nm$	25% CH_3OH/H_2O	1% Pt	50
Ti^{3+} self－doped TiO_2	$\lambda > 400nm$	25% CH_3OH/H_2O	1% Pt	181
vacuum activated TiO_2 TiO_2 P25	$\lambda > 400nm$	25% CH_3OH/H_2O	0.38% Pt	120
TiO_2 with oxygen vacancies	$\lambda > 400 nm$	25% CH_3OH/H_2O	1% Pt	115
TiO_2 P25	$\lambda > 400nm$		1% Pt	4
Sub－10 nm rutile TiO_2 nanoparticles	$\lambda > 400nm$	10% CH_3OH/H_2O	1% Pt	932
	AM 1.5			1954
hydrogenated H－TiO_2 [a]	$\lambda > 400nm$	10% CH_3OH/H_2O	1% Pt	107
	AM 1.5			1425
TiO_2 P25	$\lambda > 400nm$	10% CH_3OH/H_2O	1% Pt	3
	AM 1.5			565

在单色光 $\lambda = 405nm$ 照射下，样品 T1 的 AQE 为 3.52%，接着是 T2 样品的 1.40% 和 T3 的 0.36%。这里的 AQE 结果顺序是与上述的产氢活性相一致。同时也计算出了在单色光 $\lambda = 420nm$ 条件下的表观量子效率，其 AQE 值为 1.74%。T1 样品在表现出良好的可见光活性之外，接着也对其进行了循环试验。图 8-11 (d)给出了相应结果，从这个结果可以看出，通过直接水解制备的样品 T1 表现

出了良好的可循环性。接着对其在空气中的稳定性进行了考察,图 8 – 11(e)给出了 T1 样品经过约 6 个月的存放后的可见光产氢速率。从图中的结果可以直观地看出,其光响应能力没有发生明显的降低。这个结果也间接说明此时的样品 T1,其缺陷位点不是氧缺陷而是氧缺陷与水分子作用后生成的表面羟基。

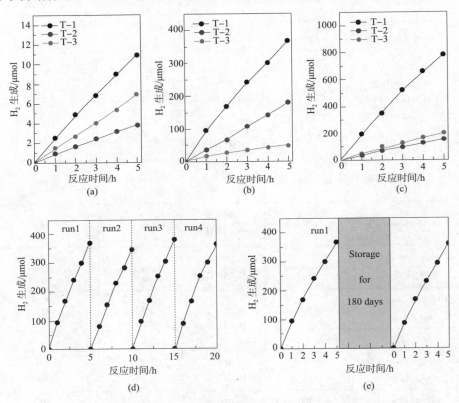

图 8 – 11　金红石 TiO₂ 样品的光催化产氢结果

(a)320nm < λ < 400nm 的 UV 条件下结果;(b)400nm < λ < 780nm 的可见光条件结果;(c)AM1.5 条件下产氢结果;(d)T1 样品在可见光条件下的循环试验;(e)样品 T1 经过半年时间后的可见光产氢活性。1%(质量分数)Pt 原位负载到催化剂表面作为共催化剂,甲醇作为牺牲剂

下面对于这里的光重整制氢反应中所用到的甲醇以及原位负载的 Pt,两者的作用简单进行一些描述。对于水分解成氢气和氧气这个具体的反应,其属于爬坡反应——即分解至少需要 273kJ/mol 吉布斯自由能($H_2O \rightarrow H_2 + 1/2O_2$;$\Delta G = 237$kJ/mol),但是这在现在的工业需求方面是不现实的。加入一定量的空穴清除剂如甲醇,一方面降低了反应裂解所需的能量($H_2O + CH_3OH \rightarrow CO_2 + 3H_2$;$\Delta G = 16$kJ/mol)促使水分解的容易进行;另一方面,甲醇可以吸附到 TiO₂ 上面生

成甲氧基，这个甲氧基可以俘获光生空穴生成甲氧基自由基从而减小 TiO₂ 光生载流子之间的复合。对于原位负载的 Pt 金属，由于其还原电位很低，很容易被还原；另一方面，其费米能级较低且与 TiO₂ 形成的肖特基势垒很低，这就促进了载体 TiO₂ 上面生成的光生电子在它们之间的费米能级差的作用下迁移到金属 Pt 表面。另外，金属 Pt 的氢过电势很低，很容易使俘获的光生电子参与到质子的还原生成氢气反应中。图 8 - 12 给出了三个所研究样品原位负载 Pt 后的 HAADF - STEM 结果。从结果中可以看出，Pt 在载体 TiO₂ 表面上分布很均匀，这也间接说明光沉积方法是制备小粒径金属 Pt 的一种很实用方法。从图 8 - 12 下面的 Pt 粒径大小分布结果可以看出，Pt 的粒径在三个载体上面都呈现出分布窄这个特点，且平均粒径都处于 2nm 左右。超细的 Pt 纳米颗粒是光催化高活性的保证之一。

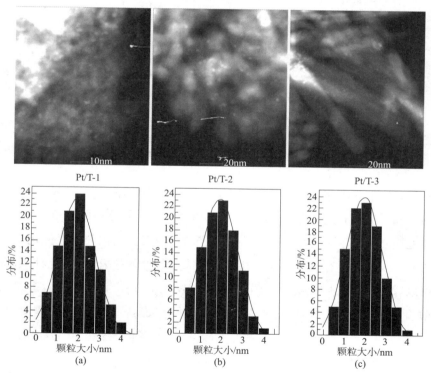

图 8 - 12　原位负载到金红石样品表面 Pt 的 HAADF - STEM 图和对应的 Pt 粒径分布

　　对于样品的光催化还原活性已经有了充分的了解。那么所研究金红石样品的光响应氧化能力效果是否与还原活性呈对应关系呢？下面就这个问题以传统亚甲基蓝的光降解作为探针反应来说明样品的氧化活性。图 8 - 13 给出了相应的降解结果。从图中可以看出，在 UV – Vis（320nm < λ < 400nm）光照条件下，T1 样品的完全降解使用的时间为 80min，而参比样品 T3 仅有 45% 的降解率。在可见光（780nm > λ > 400nm）条件下，T1 完全降解所使用的时间为 2h，而 T3 在 2h 内的降解率为 30%。这说明这里制备的缺陷型样品 T1 在氧化性能方面具有很好的效果。从上述两个反应方面可以得出，缺陷型金红石 TiO_2 在可见光条件下的光催化性能要优于完美晶型的金红石样品。

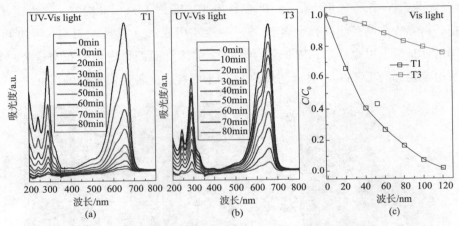

图 8 – 13　样品 T1 和 T3 在 UV – Vis（320nm < λ < 400nm）
光条件下和可见光条件下（780nm > λ > 400nm）降解亚甲基蓝活性结果

对于具体的光催化还原产氢反应，影响产氢速率的因素有很多如共催化剂、反应温度和反应 pH 值等。为了得到关于缺陷型 T1 样品更多的光响应活性数据，下面对上述几种因素进行系统的分析。首先考察没有共催化剂的光催化裂解水情况。图 8 – 14 给出了在具体的电子和空穴去除剂条件下产氢和产氧活性数据。从图中可以看出，在可见光条件下（780nm > λ > 400nm），T1 样品依旧表现出了很好的氧化还原能力。其表观产氢速率达到 150μmol/（h·g），产氧速率为 60μmol/（h·g）。而参比样品 T3 表现了较低的产氢和产氧能力。这个结果跟上述 Pt 共催化剂存在的条件下趋势是一致的。

下面就反应温度和反应液的 pH 值对光催化活性的影响进行一个系统的探索，图 8 – 15 给出了两种条件下的产氢活性数据。首先研究在 pH = 6.5（去离子水）条件下的温度影响。在 1%（质量分数）的 Pt 作为共催化剂条件下，金红石样品在 293K 和 303K 的 10℃温差条件下，表观产氢速率产生了较大的变化，具体表现在从 26.2 到 89.7μmol/(h·g)的产氢速率；而从 303K 升到 313K，产氢速率仅仅从 89.7 变化到 93.2μmol/(h·g)。这说明一方面，水的裂解光还原产氢反应是一个温度敏感性过程，另一个方面，303K 是相对较适合的温度。对于 pH 值的影响，选用反应温度 $T = 313K$ 的条件。从图 8−15 的右图可以看出，pH 对反应的影响效果要低于温度的效应，即在三个 pH 值条件下，样品的可见光产氢速率都接近于 90μmol/(h·g)。这里需要提到的是，对于平时所用到的去离子水，其 pH 在 6.5 左右，所以对于光解水反应，在其他因素一定的条件下，未调 pH 值的简单地去离子水就可以用来反应液。从上述讨论的三个因素，可以看出温度是对水分解起着很重要的作用，而共催化剂和溶液 pH 值并不对反应活性起到关键的影响。

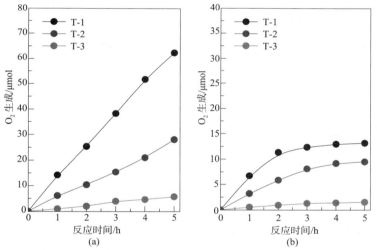

图 8−14　T1 样品的可见光产氢和产氧数据(无共催化剂)，
其中 10% 的甲醇溶液用来生产氢气，0.01M 的 AgNO₃用来产生氧气

为了得到所研究金红石 TiO₂样品更多的因素影响信息，下面也给出了三个样品在没有共催化剂条件下的表观活性(单位克每小时催化剂)和单位比表面积(单位克每小时每立方米比表面)活性，结果如图 8−16 所示。如前面所述，在没有共催化剂条件下，产氢速率分别为 T1、T2 和 T3。对于右图的单位比表面积活性，低于 10nm 的纳米颗粒活性同样表现出了最好的产氢速率。根据上面第三章的描述，单位比表面积的活性可以用来说明催化剂的本征区别，所以这里可以得到，具有大量缺陷位点、低于 10nm 的金红石样品不仅表现出很好的可见光吸收

（图 8 - 8），而且在吸收的光转化成化学能方面仍然具有很好的效果，这里的结果也说明大量缺陷位点存在是保证吸收光谱的可见区域拓展和好的光转化效率的关键。通过上述催化剂表征和催化剂光响应等方面的探讨，对缺陷富集金红石 TiO_2 的性质有了初步的了解，但是在接下来的篇幅中有必要对具体影响其吸收和活性的因素做出具体的归属。

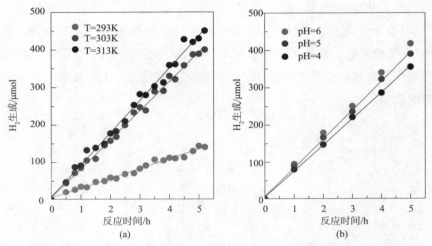

图 8 - 15　光催化产氢的温度（a）及 pH = 6.5 和溶液 pH（b）影响因素（反应温度 T = 313K，光照条件是可见光且 1% Pt 作为共催化剂）

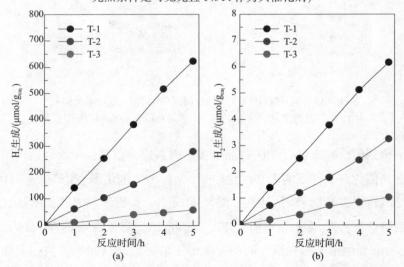

图 8 - 16　所研究的三个金红石 TiO_2 样品在可见光条件下（无共催化剂）的表观产氢活性（a）和单位比表面活性（b）数据

四、缺陷位点具体作用的归属

对于低于 10nm 的金红石 TiO₂ 纳米颗粒 T1，上面用 Raman、FTIR、XPS、PL 和正电子湮灭技术证实了其富集了大量的缺陷位点。对于 TiO₂ 样品，通常报道的缺陷类型有如下几种：Ti³⁺、氧缺陷和间隙 Ti 等。在上述的催化剂表征部分，首先利用 XPS 和 EELS 技术排除了表相和体相 Ti³⁺、间隙 Ti 的存在（图 8-2、图 8-4）。对于间隙 Ti 的存在的荧光光谱（PL）也可以用来排除间隙 Ti 的存在，因为对于完美晶型的参比样品 T3，其缺陷类型与样品 T1 一样（图 8-6）。所以接下来对于此时缺陷位点的归属只能定位于氧缺陷等类型。考虑到在具体的合成步骤中，在快速去除水和氯化氢分子的过程中，氧缺陷是不可能产生的，这是因为在约 100℃ 条件下，氧缺陷很容易被空气氧化掉。另一个方面，氧缺陷在空气中也是不稳定存在的，的经过约半年后的活性没有变化这个结果也可以用来支持没有氧缺陷这个事实（图 8-11）。对于 TiO₂ 体系，氧缺陷形成的同时一般会伴随两个 Ti³⁺ 的生成，但是这个氧缺陷位点很容易被水汽所氧化然后生成一个羟基和裂解出一个质子，这个质子转移到其他桥基氧上面生成另一个表面羟基（$O_b - vac + O_b + H_2O \rightarrow 2OH_b$）。在的低于 10nm 金红石纳米颗粒生成的过程中，快速去除水分子等过程可以伴随夺去 TiO₂ 的一个晶格氧而生成氧缺陷，但是这个位点很快在高温条件下被水分子氧化从而生成两个表面羟基，这个结果上述的 XPS 和 FTIR 等结果也给出了具体的证据（图 8-2、图 8-7）。所以在的低于 10nm 金红石纳米颗粒体系中，影响其光学吸收和光转化效率且在空气中能稳定存在的主要因素应当归属为表面羟基。表面羟基在所研究三个样品含量的多少直接影响了它们的带隙大小——价带上移的程度（VB XPS 和 DFT 计算结果）和上述的光利用和转换效率。上述提到的表面羟基引起的价带上移 0.3eV 可以用带隙弯曲这个概念来理解，缺陷态位置处聚集了大量的电子从而引起带隙的导价带位置失衡接着价带上移。煅烧缺陷性样品 T1，一定程度上去除缺陷位点，从而在带隙状态上表现出价带上移程度降低（T2 样品）。

下面就归属一下缺陷位点对光生载流子分离所起到的作用。对于体相缺陷位点，在第三章中已经对其进行了描述，即由于体相位点不能接触到具体的反应物小分子所以只能作为光生载流子的复合中心；而表相/亚表相的缺陷位点由于利于反应物分子的吸附从而在一定程度上抑制光生载流子的复合。这里值得一提的是，在大多数 TiO_2 基光催化剂体系中，体相缺陷浓度一般都是大于表相缺陷的浓度，这是因为表面缺陷态可以被空气所氧化。所以即使得到大量缺陷位点的 TiO_2 材料，其光转换效率也是有限的（表 8-4），所以要想获得较好的可见光吸收和转换效率，就必须保证样品的体相缺陷低含量和表相缺陷高含量。在这里低于 10nm 金红石纳米颗粒体系中，通过减小纳米的颗粒这个途径获得了很好的总体可见光转换效果。通过减小纳米颗粒的尺寸，表相/体相的缺陷浓度提高（图 8-5）。另一个方面，对于纳米颗粒的量子尺寸效应引起半导体带隙增大，这里不做讨论，因为这种情况只适合于小于 3nm 的颗粒。对于这里的低于 10nm 的金红石纳米颗粒，体相引起的载流子复合效应远低于表相缺陷效应引起的光吸收范围效果，从的紫外区光解水活性可以说明这一点（图 8-11）。的可见光效果也证实了这一效应。

综上，这里为了解决 TiO_2 体系的可见光拓展吸收和光致产生载流子最大限度地分离等问题，这里提出了小粒径概念，一方面小粒径颗粒能最大限度地获得表相/体相缺陷高浓度比从而获得最大限度的可见光吸收范畴和最大的载流子分离效率；另一个方面，小粒径金红石纳米颗粒的获得也为获得其他半导体体系大的光谱吸收和光转换效率提供一个借鉴。

五、Ti^{3+} 在光解水制氢方面的作用

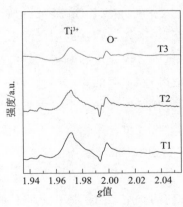

图 8-17 在 UV 光照条件下的金红石 TiO_2 样品 ESR 谱图结果

在 TiO_2 基光催化体系，Ti^{3+} 的具体作用如是否其对可见光的吸收有利或者其能促进可见光裂解水反应等一直是存在争议。对于 Ti^{3+} 存在的同时，也往往存在其他缺陷如氧缺陷，所以目前文献报道讨论 Ti^{3+} 的具体作用都是在其他缺陷同时存在条件下的情况，对 Ti^{3+} 的具体作用仍然需要系统和详细的探索。从上述材料表征部分得知，所制备的 T1 样品不存在 Ti^{3+}（图 8-2），但是在紫外光照条件下，三个样品都表现出了明显的 Ti^{3+} 信号，如图 8-17 所示。从图中可以看出位于 $g = 1.97$ 位置处 Ti^{3+} 归一化后的信号强度从 T1 到 T3 依次变弱，且样品 T1 即通过直接水解制备的金红石样品，同时也表现出了

最强的 O⁻ 信号。此时的结果可以得出，样品 T1 很容易生成 Ti³⁺；值得一提的是，在光照条件下 Ti³⁺ 的生成是由于光生电子还原晶格中的 Ti⁴⁺ 而生成。较易产生 Ti³⁺ 间接说明了在样品 T1 中，光生载流子的分离效率要高于其他样品，这个结果也符合了上面提到过的在几种光照条件下 T1 样品最优的产氢速率。为了得到更多的 Ti³⁺ 在具体光响应中的信息，接下来对 T1 和参比 T3 样品进行了准原位 UV – Vis 测试，结果如图 8 – 18 所示。

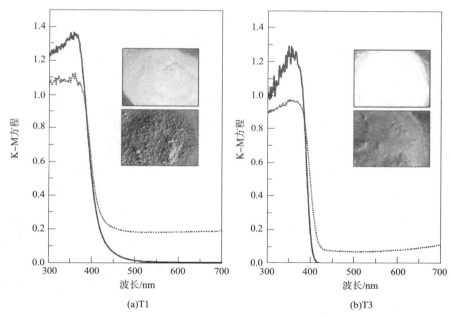

(a)T1　　　　　　　(b)T3

图 8 – 18　金红石样品 T1 和参比 T3 在滴加一些甲醇水溶液后的准 UV – Vis 光谱结果，
（插入的图片是样品光照 5min 后的颜色）

对于准 UV – Vis 吸收测试，这里简要地讲述一下过程。将少许甲醇水溶液滴加到样品表面，在全光谱条件下照射约 5min 接着放入紫外可见光谱仪中进行光学吸收测试。对于样品 T1，从图 8 – 18 中可以看出，滴加甲醇后其对入射光的吸收大大增强，且其表观颜色已从原来的暗灰色变成深蓝色如图中的插入图片所示；对于参比 T3，类似样品 T1 发生了同样的现象——可见光的吸收拓展和颜色从白变蓝。对于 TiO₂ 样品在光照条件下变蓝，在第三章的真空条件下情况已经讨论过，这是因为生成了大量 Ti³⁺ 而导致颜色变化。从颜色变蓝的深浅可以判断样品在光照条件下 Ti³⁺ 的原位生成量的多少。很明显，对于样品 T1，其生成的

Ti^{3+} 量要多于参比样品 T1，这个结果与上述的光照条件下 ESR 结果相一致。现在从上面的两个光照结果可以得出，对于样品 T1，由于其具有大量的表相/体相缺陷位点，能够得到很好的光生载流子分离效率，从而对原位产生 Ti^{3+} 这个现象是很有利的。但是，在光照条件下产生的 Ti^{3+} 已经证实了对可见光拓展是很有利的，是否对可见光活性也是起到促进作用呢？下面就这个问题利用光催化裂解水产氢作为探针反应来探讨。

由于纯锐钛矿相 TiO_2 不存在可见光(> 400nm)的吸收，所以这里选用样品 T1 和锐钛矿作为研究对象。分两步分别对样品在不同入射光条件下的产氢进行考察，图 8 - 19 给出了相应的结果。对于所选用的锐钛矿 TiO_2 样品，其相应的物化性质如制备条件、粒径大小、单位比表面和表面羟基等性质如表 8 - 1 所示。图 8 - 20(a)给出了相应的锐钛矿 XRD 和 TEM 结果。这里选用这个锐钛矿 TiO_2 是考虑到跟样品 T1 具有相当的粒径大小。图 8 - 19 给出了锐钛矿和 T1 样品在两个条件：纯紫外(UV)条件($320nm < \lambda < 400nm$)和可见光条件($400nm < \lambda < 780nm$)的产氢情况。这里分两步的操作步骤如下：先在 UV 光条件下照射 5h 以得到充足的 Ti^{3+}，然后抽真空把体系里面的氢气完全抽空，接着通空气和不同空气两种条件下换成可见光条件产氢。对于紫外光(UV)条件下，锐钛矿的表观产氢量高达 $31.2mmol/(h \cdot g)$，要高的缺陷 T1 样品(这里需要说明的是，锐钛矿样品的比表面积要高于 T1，所以单位比表面的活性 T1 要高于锐钛矿的，这个结果也说明了在结晶度、粒径大小等因素相当的条件下，金红石的紫外条件产氢活性要高于锐钛矿相)。对于锐钛矿样品，紫外光照 5h，不管是否通入氧气(氧化去除真空体系中的 Ti^{3+})，在可见光条件下都没有表现出产氢活性；而对于 T1 样品，在未通入空气时，其第一个小时相比于通入空气的情况，如图所示，有一个明显的拐点，这说明在紫外光照条件下生成的 Ti^{3+} 对光解水起到一定的促进作用。图 8 - 20 也给出了对于锐钛矿相在紫外光条件下原位产生 Ti^{3+} 的准 UV - Vis 结果和相应的颜色变化。对于上述的结果，可以得出，对于样品原位产生的 Ti^{3+}，由于与甲醇产生了某种作用而表现出了表观的可见光拓展吸收，但是这个可见光拓展不能应用到具体的光解水产氢反应中[图 8 - 19(a)]，只能对能吸收可见光的体系起到促进作用。

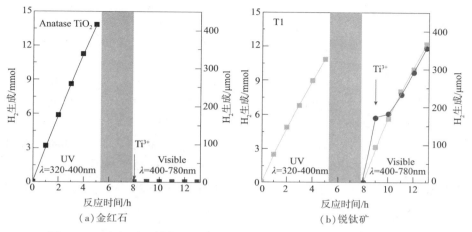

图 8-19　金红石和锐钛矿 TiO₂ 分两步在不同条件下的光解水产氢数据

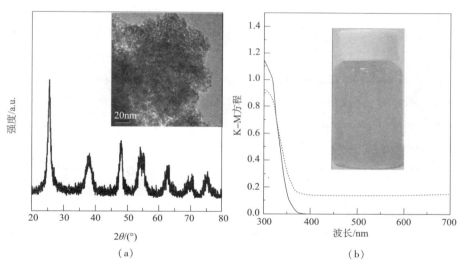

图 8-20　所用到的锐钛矿 TiO₂ 的 XRD 和 TEM 图(a)；
锐钛矿 TiO₂ 在 UV 光照条件下准原位 UV-Vis 谱图结果和相应的样品颜色变化(b)

参考文献

[1] Chen X B, Mao S S. Titanium dioxide nanomaterials: Synthesis, properties, modifications, and applications [J]. Chem. Rev., 2007, 107 (7): 2891 – 2959.

[2] Chen X B, Liu L, Yu P Y, et al. Increasing solar absorption for photocatalysis with black hydrogenated titanium dioxide nanocrystals [J]. Science, 2011, 331: 746 – 750.

[3] Maeda1 K, Teramura1 K, Lu D L, et al. Photocatalyst releasing hydrogen from water [J]. Nature, 2006, 440: 295.

[4] Luo J S, Ma L, He T C, et al. $TiO_2/(CdS, CdSe, CdSeS)$ nanorod heterostructures and photoelectrochemical properties [J]. J. Phys. Chem. C, 2012, 116 (22): 11956 – 11963.

[5] Jennings J R, Ghicov A, Peter L M, et al. Dye – sensitized solar cells based on oriented TiO_2 nanotube arrays: transport, trapping, and transfer of electrons [J]. J. Am. Chem. Soc., 2008, 130 (40): 13364 – 13372.

[6] Linic S, Christopher P, Ingram D B. Plasmonic – metal nanostructures for efficient conversion of solar to chemical energy [J]. Nature Mater., 2011, 10: 911 – 921.

[7] Hoffmann M R, Martin S T, Choi W, et al. Environmental applications of semiconductor photocatalysis [J]. Chem. Rev., 1995, 95 (1): 69 – 96.

[8] Fox M A, Dulay M T. Heterogeneous photocatalysis [J]. Chem. Rev., 1993, 93 (1): 341 – 357.

[9] Wang J A, Limas – Ballesteros R, Novaro O, et al. Quantitative determination of titanium lattice defects and solid – state reaction mechanism in iron – doped TiO_2 photocatalysts [J]. J. Phys. Chem. B, 2001, 105 (40): 9692 – 9698.

[10] Borgarello E, Kiwi J, Graetzel M, et al. Visible light induced water cleavage in colloidal solutions of chromium – doped titanium dioxide particles [J]. J. Am. Chem. Soc., 1982, 104 (11): 2996 – 3002.

[11] Asahi R, Morikawa T, Irie H, et al. Nitrogen – doped titanium dioxide as visible – light – sensitive photocatalyst: designs, developments, and prospects [J]. Chem. Rev., 2014, 114 (19): 9824 – 9852.

[12] Justicia I, Ordejón1 P, Canto P, et al. Designed self – doped titanium oxide thin films for efficient visible – light photocatalysis [J]. Adv. Mater., 2002, 14 (19): 1399 – 1402.

［13］Zang L, Lange C, Abraham I, et al. Amorphous microporous titania modified with platinum (IV) chloride: A new type of hybrid photocatalyst for visible light detoxification ［J］. J. Phys. Chem. B, 1998, 102 (52): 10765 – 10771.

［14］Zuo F, Wang L, Wu T, et al. Self – doped Ti^{3+} enhanced photocatalyst for hydrogen production under visible light ［J］. J. Am. Chem. Soc., 2010, 132 (34): 11856 – 11857.

［15］Wang G M, Wang H Y, Ling Y C, et al. Hydrogen – treated TiO_2 nanowire arrays for photoelectrochemical water splitting ［J］. Nano Lett., 2011, 11 (7): 3026 – 3033.

［16］Yang C Y, Wang Z, Lin T Q, et al. Core – shell nanostructured "Black" rutile titania as excellent catalyst for hydrogen production enhanced by sulfur doping ［J］. J. Am. Chem. Soc., 2013, 135 (47): 17831 – 17838.

［17］Liu M, Qiu X Q, Miyauchi M, et al. Energy – level matching of Fe(III) ions grafted at surface and doped in bulk for efficient visible – light photocatalysts ［J］. J. Am. Chem. Soc., 2013, 135 (27): 10064 – 10072.

［18］Zhang J, Li M J, Feng Z C, et al. UV Raman spectroscopic study on TiO_2. I. Phase transformation at the surface and in the bulk ［J］. J. Phys. Chem. B, 2006, 110 (2): 927 – 935.

［19］Cheng H M, Ma J M, Zhao Z G, et al. Hydrothermal preparation of uniform nanosize rutile and anatase particles ［J］. Chem. Mater., 1995, 7 (4): 663 – 671.

［20］Wang W, Gu B H, Liang L Y, et al. Synthesis of rutile (α – TiO_2) nanocrystals with controlled size and shape by low – temperature hydrolysis: Effects of solvent composition ［J］. J. Phys. Chem. B, 2004, 108 (39): 14789 – 14792.

［21］Guo W X, Xu C, Wang X, et al. Rectangular bunched rutile TiO_2 nanorod arrays grown on carbon fiber for dye – sensitized solar cells ［J］. J. Am. Chem. Soc., 2012, 134 (9): 4437 – 4441.

［22］Hosono E, Fujihara S, Kakiuchi K, et al. Growth of submicrometer – scale rectangular parallelepiped rutile TiO_2 films in aqueous $TiCl_3$ solutions under hydrothermal conditions ［J］. J. Am. Chem. Soc., 2004, 126 (25): 7790 – 7791.

［23］Aruna S T, Tirosh S, Zaban A. Nanosize rutile titania particle synthesis via a hydrothermal method without mineralizers ［J］. J. Mater. Chem., 2000, 10: 2388 – 2391.

［24］Simon T, Bouchonville N, Berr M J, et al. Redox shuttle mechanism enhances photocatalytic H_2 generation on Ni – decorated CdS nanorods ［J］. Nature Mater., 2014, 13: 1013 – 1018.

［25］Luo J S, Im J – H, Mayer M T, et al. Water photolysis at 12.3% efficiency via perovskite photovoltaics and earth – abundant catalysts ［J］. Science, 2014, 345: 1593 – 1596.

[26] Scanlon D O, Dunnill C W, Buckeridge J, et al. Band alignment of rutile and anatase TiO_2 [J]. Nature Mater. , 2013, 12: 798 – 801.

[27] Yan J Q, Wu G J, Guan N J, et al. Understanding the effect of surface/bulk defects on the photocatalytic activity of TiO_2: Anatase versus Rutile [J]. Phys. Chem. Chem. Phys. , 2013, 15: 10978 – 10988.

[28] Ohsaka T, Izumi F, Fujiki Y. Raman Spectrum of Anatase TiO_2 [J]. J. Raman Spectr. , 1978, 7: 321 – 324.

[29] Naldoni A, Allieta M, Santangelo S, et al. Effect of nature and location of defects on bandgap narrowing in black TiO_2 nanoparticles [J]. J. Am. Chem. Soc. , 2012, 134: 7600 – 7603.

[30] Chen X, Mao S S. Titanium dioxide nanomaterials: synthesis, properties, modifications, and applications [J]. Chem. Rev. , 2007, 107 (7): 2891 – 2959.

[31] Thompson T L, Yates J T. Surface science studies of the photoactivation of TiO_2 new photochemical processes [J]. Chem. Rev. , 2006, 106 (10): 4428 – 4453.

[32] Jing L, Zhou W, Tian G H, et al. Surface tuning for oxide – based nanomaterials as efficient photocatalysts [J]. Chem. Soc. Rev. , 2013, 42 (24): 9509 – 9549.

[33] Ma Y, Wang X L, Jia Y S, et al. Titanium dioxide – based nanomaterials for photocatalytic fuel generations [J]. Chem. Rev. , 2014, 114 (19), pp 9987 – 10043.

[34] Henderson M A. A surface science perspective on photocatalysis [J]. Surf. Sci. Rep. , 2011, 66 (6): 185 – 297.

[35] Yang H G, Sun C H, Qiao S Z, et al. Anatase TiO_2 single crystals with a large percentage of reactive facets [J]. Nature, 2008, 453 (7195): 638 – 641.

[36] Zhang J, Xu Q, Feng Z, et al. Importance of the relationship between surface phases and photocatalytic activity of TiO_2 [J]. Angew. Chem. , Int. Ed. , 2008, 47 (9): 1766 – 1769.

[37] Tang J W, Durrant J R, Klug D R. Mechanism of photocatalytic water splitting in TiO_2. Reaction of water with photoholes, importance of charge carrier dynamics, and evidence for four – hole chemistry [J]. J. Am. Chem. Soc. , 2008, 130 (42): 13885 – 13891.

[38] Serpone N, Lawless D, Khairutdinov R, et al. Subnanosecond relaxation dynamics in TiO_2 colloidal sols (Particle sizes Rp = 1.0 – 13.4 nm). Relevance to heterogeneous photocatalysis [J]. J. Phys. Chem. , 1995, 99 (45): 16655 – 16661.

[39] Leytner S, Hupp J T. Evaluation of the energetics of electron trap states at the nanocrystalline titanium dioxide/aqueous solution interface via time – resolved photoacoustic spectroscopy [J]. Chem. Phys. Lett. , 2000, 330 (3 – 4): 231 – 236.

[40] Linsebigler A L, Lu G Q, Yates J T. Photocatalysis on TiO_2 surfaces: principles, mechanisms,

and selected results [J]. Chem. Rev. , 1995, 95 (3): 735 – 758.

[41] He Y B, Tilocca A, Dulub O, et al. Local ordering and electronic signatures of submonolayer water on anatase TiO_2 (101) [J]. Nat. Mater. , 2009, 8: 585 – 589.

[42] Lee J, Sorescu D C, Deng X Y. Electron – induced dissociation of CO_2 on TiO_2 (110) [J]. J. Am. Chem. Soc. , 2011, 133 (26): 10066 – 10069.

[43] Lira E, Wendt S, Huo P, et al. The importance of bulk Ti^{3+} defects in the oxygen chemistry on titania surfaces [J]. J. Am. Chem. Soc. , 2011, 133 (17): 6529 – 6532.

[44] Kong M, Li Y, Chen X, et al. Tuning the relative concentration ratio of bulk defects to surface defects in TiO_2 nanocrystals leads to high photocatalytic efficiency [J]. J. Am. Chem. Soc. , 2011, 13 (41): 16414 – 16417.

[45] Cheng H M, Ma J M, Zhao Z G, et al. Hydrothermal preparation of uniform nanosize rutile and anatase particles [J]. Chem. Mater. , 1995, 7 (4): 663 – 671.

[46] Hanaor D A H. , Sorrell C C. Review of the anatase to rutile phase transformation [J] J. Mater. Sci. , 2011, 46: 855 – 874.

[47] Ye J F, Liu W, Cai J G, et al. Nanoporous anatase TiO_2 mesocrystals: Additive – free synthesis, remarkable crystalline – phase stability, and improved lithium insertion behavior [J]. J. Am. Chem. Soc. , 2011, 133 (4): 933 – 940.

[48] Ohsaka T, Izumi F, Fujiki Y. Raman spectrum of anatase TiO_2. J. Raman Spectr. , 1978, 7: 321 – 324.

[49] Ma H L, Yang J Y, Dai Y, et al. Raman study of phase transformation of TiO_2 rutile single crystal irradiated by infrared femtosecond laser. Appl. Surf. Sci. , 2007, 253: 7497 – 7500.

[50] Jiang X D, Zhang Y P, Jiang J, et al. Characterization of oxygen vacancy associates within hydrogenated TiO_2: A positron annihilation study [J]. J. Phys. Chem. C, 2012, 116 (42): 22619 – 22624.

[51] Lazzeri M, Vittadini A, Selloni A. Structure and energetics of stoichiometric TiO_2 anatase surfaces [J]. Phys. Rev. B, 2001, 63: 155409 – 155418.

[52] Kudo A, Miseki Y. Heterogeneous photocatalyst materials for water splitting [J]. Chem. Soc. Rev. , 2009, 38: 253 – 278.

[53] Yu J G, Yu H G, Cheng B, et al. The effect of calcination temperature on the surface microstructure and photocatalytic activity of TiO_2 thin films prepared by liquid phase deposition [J]. J. Phys. Chem. B, 2003, 107 (50): 13871 – 13879.

[54] Serpone N, Lawless D, Khairutdinovt R. Size effects on the photophysical properties of colloidal anatase TiO_2 particles: Size quantization or direct transitions in this indirect semiconductor? [J].

J. Phys. Chem. , 1995, 99 (45): 16646 – 16654.

[55] Cong Y, Zhang J L, Chen F, et al. Synthesis and characterization of nitrogen – doped TiO_2 nanophotocatalyst with high visible light activity [J]. J. Phys. Chem. C, 2007, 111 (19): 6976 – 6982.

[56] Chen X, Wang X, Hou Y, et al. The effect of postnitridation annealing on the surface property and photocatalytic performance of N – doped TiO_2 under visible light irradiation [J]. J. Catal. , 2008, 255: 59 – 67.

[57] Jing L, Qu Y, Wang B, et al. Review of photoluminescence performance of nano – sized semiconductor materials and its relationships with photocatalytic activity [J]. Solar Energy Materials and Solar Cells, 2006, 90 (12): 1773 – 1787.

[58] Zhang D, Downing J A, Knorr F J, et al. Room – temperature preparation of nanocrystalline TiO_2 films and the influence of surface properties on dye – sensitized solar energy conversion [J]. J. Phys. Chem. B, 2006, 110 (43): 21890 – 21898.

[59] Wagner C D, Riggs W M, Davis L E, et al. Handbook of X – ray photoelectron spectroscopy: a reference book of standard data for use in x – ray photoelectron spectroscopy [M]. Perkin – Elmer MN: Eden – Prairie; 1979.

[60] Feng W, Wu G J, Li L D, et al. Solvent – free selective photocatalytic oxidation of benzyl alcohol over modified TiO_2 [J]. Green Chem. , 2011, 11: 3265 – 3272.

[61] Iwabuchi A, Choo C, Tanaka K. Titania nanoparticles prepared with pulsed laser ablation of rutile single crystals in water [J]. J. Phys. Chem. B, 2004, 108 (30): 10863 – 10871.

[62] Wang R, Sakai N, Fujishima A, et al. Studies of surface – wettability conversion on TiO_2 single – crystal surfaces [J]. J. Phys. Chem. B 1999, 103 (12): 2188 – 2194.

[63] Carneiro J T, Savenije T J, Moulijn J A, et al. Toward a physically sound structure – activity relationship of TiO_2 – based photocatalysts [J]. J. Phys. Chem. C, 2009, 114 (1): 327 – 332.

[64] Dutta S, Chakrabarti M, Chattopadhyay S, et al. Defect dynamics in annealed ZnO by positron annihilation spectroscopy. J. Appl. Phys. , 2005, 98 (5): 053513.

[65] Zhang Y, Ma X, Chen P, et al. Enhancement of electroluminescence from TiO_2/p^+ – Si heterostructure – based devices through engineering of oxygen vacancies in TiO_2 [J]. Appl. Phys. Lett. , 2009, 95 (25): 252102 – 252102 – 3.

[66] de la Cruz R M, Pareja R, Gonzalez R, et al. Effect of thermochemical reduction on the electrical, optical – absorption, and positron – annihilation characteristics of ZnO crystals [J]. Phys. Rev. B, 1992, 45 (12): 6581.

[67] Murakami H, Onizuka N, Sasaki J, et al. Ultra – fine particles of amorphous TiO_2 studied by

means of positron annihilation spectroscopy [J]. J. Mater. Sci. 1998, 33 (24): 5811 – 5814.

[68] Kong M, Li Y, Chen X, et al. Tuning the relative concentration ratio of bulk defects to surface defects in TiO$_2$ nanocrystals leads to high photocatalytic efficiency [J]. J. Am. Chem. Soc. , 2011, 133 (41): 16414 – 16417.

[69] Sun W, Li Y, Shi W, et al. Formation of AgI/TiO$_2$ nanocomposite leads to excellent thermochromic reversibility and photostability [J]. J. Mater. Chem. , 2011, 21 (25): 9263 – 9270.

[70] Kawai T, Sakata T. Photocatalytic hydrogen production from liquid methanol and water [J]. J. Chem. Soc. , Chem. Commun. , 1980 (15): 694 – 695.

[71] Chen T, Feng Z, Wu G, et al. Mechanistic studies of photocatalytic reaction of methanol for hydrogen production on Pt/TiO$_2$ by in situ Fourier transform IR and time – resolved IR spectroscopy [J]. J. Phys. Chem. C, 2007, 111 (22): 8005 – 8014.

[72] Gordon T R, Cargnello M, Paik T, et al. Nonaqueous synthesis of TiO$_2$ nanocrystals using TiF$_4$ to engineer morphology, oxygen vacancy concentration, and photocatalytic activity [J]. J. Am. Chem. Soc. , 2012, 134 (15): 6751 – 6761.

[73] Torimoto T, Fox R J, Fox M A. Photoelectrochemical doping of TiO$_2$ particles and the effect of charge carrier density on the photocatalytic activity of microporous semiconductor electrode films [J]. Journal of the Electrochemical Society, 1996, 143 (11): 3712 – 3717.

[74] Yang J, Wang D, Han H, et al. Roles of cocatalysts in photocatalysis and photoelectrocatalysis [J]. Acc. Chem. Res. , 2013, 46 (8): 1900 – 1909.

[75] Yan J, Wu G, Guan N, et al. Nb$_2$O$_5$/TiO$_2$ heterojunctions: Synthesis strategy and photocatalytic activity [J]. Appl. Catal. B: Envir. , 2014, 152: 280 – 288.

[76] Hong S J, Lee S, Jang J S, et al. Heterojunction BiVO$_4$/WO$_3$ electrodes for enhanced photoactivity of water oxidation [J]. Energy. Environ. Sci, 2011, 4 (5): 1781 – 1787.

[77] Gao X F, Sun W T, Hu Z D, et al. An efficient method to form heterojunction CdS/TiO$_2$ photoelectrodes using highly ordered TiO$_2$ nanotube array films [J]. J. Phys. Chem. C. , 2009, 113 (47): 20481 – 20485.

[78] Li C, Zhang P, Lv R, et al. Selective Deposition of Ag$_3$PO$_4$ on monoclinic BiVO$_4$ (040) for highly efficient photocatalysis [J]. Small, 2013, 9 (23): 3951 – 3956.

[79] Yao W, Zhang B, Huang C, et al. Synthesis and characterization of high efficiency and stable Ag$_3$PO$_4$/TiO$_2$ visible light photocatalyst for the degradation of methylene blue and rhodamine B solutions [J]. J. Mater. Chem. , 2012, 22 (9): 4050 – 4055.

[80] Liu L, Gu X, Sun C, et al. In situ loading of ultra – small Cu$_2$O particles on TiO$_2$ nanosheets to

enhance the visible – light photoactivity [J]. Nanoscale, 2012, 4 (20): 6351 – 6359.

[81] Zhao Y, Eley C, Hu J P, et al. Shape – dependent acidity and photocatalytic activity of Nb$_2$O$_5$ nanocrystals with an active TT (001) surface [J]. Angew. Chem. Int. Ed. , 2012, 51: 3846 – 3849.

[82] Ohuchi T, Miyatake T, Hitomi Y, et al. Liquid phase photooxidation of alcohol over niobium oxide without solvents [J]. Catal. Today, 2007, 120: 233 – 239.

[83] Aruna S T, Tirosh S, Zaban A. Nanosize rutile titania particle synthesis via a hydrothermal method without mineralizers [J]. J. Mater. Chem. , 2000, 10: 2388 – 2391.

[84] Lin H – Y, Yang H – C, Wang W – L. Synthesis of mesoporous Nb$_2$O$_5$ photocatalysts with Pt, Au, Cu and NiO cocatalyst for water splitting [J]. Catal. Today, 2011, 174 (1): 106 – 113.

[85] Teixeira da Silva V L S, Schmal M, Oyama S T. Niobium carbide synthesis from niobium oxide: Study of the synthesis conditions, kinetics, and solid – state transformation mechanism [J]. J. Solid. State. Chem. , 123 (1): 168 – 182.

[86] Yan J Q, Wu G J, Guan N J, et al. Understanding the effect of surface/bulk defects on the photocatalytic activity of TiO$_2$: Anatase versus Rutile [J]. Phys. Chem. Chem. Phys. , 2013, 15: 10978 – 10988.

[87] Kamat P V. Manipulation of charge transfer across semiconductor interface. A criterion that cannot be ignored in photocatalyst design [J]. J. Phys. Chem. Lett. , 2012, 3 (5): 663 – 672.

[88] Zhang F X, Guan N J, Li Y Z, et al. Control of morphology of silver clusters coated on titanium dioxide during photocatalysis [J]. Langmuir, 2003, 19 (20): 8230 – 8234.

[89] Rex R E, Knorr F J, McHale J L. Comment on "Characterization of oxygen vacancy associates within hydrogenated TiO$_2$: A positron annihilation study" [J]. J. Phys. Chem. C, 2013, 117 (15): 7949 – 7951.

[90] Shiraishi Y, Tsukamoto D, Sugano Y, et al. Platinum nanoparticles supported on anatase titanium dioxide as highly active catalysts for aerobic oxidation under visible light irradiation [J]. ACS Catal. , 2012, 2 (9): 1984 – 1992.

[91] Yan J Q, Wu G J, Guan N J, et al. Synergetic promotion of photocatalytic activity of TiO$_2$ by gold deposition under UV – visible light irradiation [J]. Chem. Commun. , 2013, 49, 11767 – 11769.

[92] Ohuchi T, Miyatake T, Hitomi Y, et al. Liquid phase photooxidation of alcohol over niobium oxide without solvents [J]. Catal. Today, 2007, 120: 233 – 239.

[93] Sayama K, Arakawa H, Domen K. Photocatalytic water splitting on nickel intercalated A$_4$Ta$_x$ Nb$_{6-x}$O$_{17}$(A = K, Rb) [J]. Catal. Today, 1996, 28: 175 – 182.

[94] Robert D. Photosensitization of TiO_2 by M_xO_y and M_xS_y nanoparticles for heterogeneous photocatalysis applications [J]. Catal. Today, 2007, 122: 20 – 26.

[95] Luo H. , Song W, Hoertz P G, et al. A sensitized Nb_2O_5 photoanode for hydrogen production in a dye – sensitized photoelectrosynthesis cell [J]. Chem. Mater. , 2013, 25 (2): 122 – 131.

[96] Butler M A, Ginley D S. Prediction of flatband potentials at semiconductor – electrolyte interfaces from atomic electronegativities [J]. J. Electrochem. Soc. 1978 125 (2): 228 – 232.

[97] Kim Y I, Atherton S J, Brigham E S, et al. Sensitized layered metal oxide semiconductor particles for photochemical hydrogen evolution from nonsacrificial electron donors [J]. J. Phys. Chem. , 1993, 97 (45): 11802 – 11810.

[98] Huang H J, Li D Z, Lin Q, et al. Efficient photocatalytic activity of PZT/TiO_2 heterojunction under visible light irradiation [J]. J. Phys. Chem. C, 2009, 113 (32): 14264 – 14269.

[99] Jia Y S, Shen S, Wang D G, et al. Composite $Sr_2TiO_4/SrTiO_3$ (La, Cr) heterojunction based photocatalyst for hydrogen production under visible light irradiation [J]. J. Mater. Chem. A, 2013, 1: 7905 – 7912.

[100] Su F L, Wang T, Lv R, et al. Dendritic Au/TiO_2 nanorod arrays for visible – light driven photoelectrochemical water splitting [J]. Nanoscale, 2013, 5: 9001 – 9009.